U0394694

物理才是最好的人生指南

[美]克里斯汀·麦金莱◎著

崔宏立◎译

海南出版社

·海口·

Physics for Rock Stars: Making the Laws of the Universe Work for You
By Christine McKinley
Copyright © 2014 by Christine McKinley
All rights reserved including the right of reproduction in whole or in part in any form.
This edition published by arrangement with TarcherPerigee, an imprint of Penguin
Publishing Group, a division of Penguin Random House LLC.

版权合同登记号：图字：30-2021-065 号

图书在版编目（CIP）数据

物理才是最好的人生指南 /（美）克里斯汀·麦金莱
(Christine Mckinley) 著；崔宏立译 . —— 海口：海南
出版社，2023.5（2024.5 重印）
　书名原文：Physics for Rock Stars
　ISBN 978-7-5730-1104-6

　Ⅰ .①物… Ⅱ .①克… ②崔… Ⅲ .①物理学 – 普及
读物 Ⅳ .① O4-49

中国国家版本馆 CIP 数据核字 (2023) 第 052287 号

物理才是最好的人生指南
WULI CAISHI ZUIHAO DE RENSHENG ZHINAN

作　　者：〔美〕克里斯汀·麦金莱
译　　者：崔宏立
策划编辑：李继勇
责任编辑：张　雪
责任印制：杨　程
印刷装订：三河市祥达印刷包装有限公司
读者服务：唐雪飞
出版发行：海南出版社
总社地址：海口市金盘开发区建设三横路 2 号
邮　　编：570216
北京地址：北京市朝阳区黄厂路 3 号院 7 号楼 101 室
电　　话：0898-66812392　010-87336670
电子邮箱：hnbook@263.net
经　　销：全国新华书店
版　　次：2023 年 5 月第 1 版
印　　次：2024 年 5 月第 2 次印刷
开　　本：710 mm×1 000 mm　1/16
印　　张：16.75
字　　数：165 千字
书　　号：ISBN 978-7-5730-1104-6
定　　价：58.00 元

献给查克

目 录 CONTENTS

作者的叮咛

　　为了保护朋友与老师们的隐私，本书所提到的人名皆为化名，不过他们做过的这些事倒是一点不假。

　　另外，很明显，书中所提到的许多实验和场景都具有危险性，而我也知道各位必定有足够的智慧，知道自己不该贸然尝试。感谢大家以自己的安全为唯一考虑。

没有比物理更好用的人生模型

　　物理是最迷人的科学。当然，你可以说生物学都在讲传宗接代的事情，而化学则光是名字就够让人脸红心跳，但如果讲到宇宙的指导原则，那非物理学莫属：好比运动、能量、重力和熵等定律的的确确主宰了一切，一点都不夸张。它们不但胜过其他定律，还预示了其他活动。物理学的迷人之处就在于此——它牢牢掌控一切。

　　和物理站在同一阵线是件保证值得的事。如果把运动、能量、重力等基本定律运用在生活当中，不但可以变得更聪明、更成功，而且还会更漂亮。这一点我再清楚不过了。假设你本来就是个可爱又聪明到不行的人，你可能会觉得自己已经够好了，但物理还是可以让你更好。彻底理解物理定律，不仅有助于进行安全的高空跳水、平稳地在火车车顶上打斗，也有助于养成平衡且合理的个人生活。嗯，我保证。

　　如果你不觉得现在的自己特别聪明、成功或迷人，值得信赖的物理定律一样对你大有帮助。它们会给你提供稳固而安全的落点，并保证你能找出人生的目标，勇敢追寻。

真正的安心、优雅以及成功，就是以此为开端的。我对物理学的信仰来自经验。物理学的定律引导我，从一名神经兮兮的七年级小朋友（而且还吸着没滤嘴的骆驼牌香烟，像个焊接工人一样脏话连连），摇身一变成为工程师、作家、电视节目主持人以及音乐人。

我完全能够理解你高中或大学时不想念物理的心情。那是个十分忙碌的阶段，除了要适应不断变化的身体，还要学很多生活技能，像如何计算复利、学开车，以及接吻，很难留一点空间注意物理课。就算你很认真上课，老师讲的当然也和你的目标没什么关系——如果你想当个鼓手、密探或伸展台上的时装模特儿。你并不知道，物理定律可以帮你做好从事任何职业的准备，即使是就业辅导室柜台上那些宣传单没列出来的职业也行。

爱上科学永不嫌迟

如果有吸引人的角色典范，科学、数学还有工程，就会成为年轻学子选择科学相关职业的强烈动机。我很幸运，遇上一位有着云游四海宣教传道般热情的老师。就算你错过机会，没遇上一位爱好物理学的良师，也还不算太晚。可让人崇拜、模仿、学习的科学家并不算少。

第一位也是最重要的，当然是爱因斯坦。他周游列国，对法西斯主义者以及宗教狂热分子提出质疑，而且还是个情圣。接下来要提到的科学家你未必全部认得，不过物理学界的其他巨星也跟爱因斯坦一样酷。坚持独立思考的伽利略、爱思考的牛顿、叛逆的居里、爱逗人笑的费曼，以及留下可爱嘟嘴照片的玻尔。这些人可能没那么有名，可能没得过诺贝尔奖，也可能单纯因为才华横溢又专注工作而有太多年轻情人。我认为他们是成功人士，因为他们明了物理定律，而且在生活的每个层面都奉行不渝。他们不但知道宇宙的剧本早就写好了，并且还将热情全部投注于这份剧本。

这么一来，你就可以更努力地效法这些了不起的天才了，而我会协助你理解物理定律，并运用在生活中。我在每一章都会解释一个物理概念，用的是我高中时代那些超棒的怪咖老师——也就是圣约瑟修女会创办的天主教女子学校——卡伦德莱高中的老师们传授的方法。接下来，我会让各位看到如何在生活中实践这些概念，不论你是摇滚巨星、密探、狙击手，或是竞速轮滑赛的 MVP。我有这个资格，因为我是个机械工程师。我们就是这么过的，我们学到科学概念，并让它们发挥作用。

科学家与工程师：天使与佣兵

在达·芬奇那个时代，科学家和工程师并没有分得那么清楚（哎呀，达·芬奇那个时代，甚至科学家、艺术家、哲学家跟铁饼选手都没啥区别）。如今，我们的教育和经济系统迫使大家必须选好道路，科学家或者工程师，只能二选一。只要觉得有必要，我们随时可以换跑道，或是从岔路走到另一个领域里逛逛。但一般来说，这两个学科还是有所差别的。要想知道差别在哪里，倒是有条捷径可走：科学家乐于探索自然定律，却不太知道真正要找的是什么。他们带着童稚的好奇心穿上实验衣，忙得没时间约会，是一群笨手笨脚的苍白天使。工程师是物理学的佣兵，我们把那些乖宝宝科学家发现的知识拿过来，做出人们真正需要的东西——汽车音响、卫生棉条，还有导弹。

但我必须说，这项定义是由某位偏见很严重的工程师所提出的。科学家可能会把自己描述成"追求绝对真理且绝顶聪明的纯粹主义者"，认为工程师只对赚钱有兴趣，因为他们肤浅、缺少灵魂，也不是真的关心人类的进步。身为工程师，我的响应是：这不全是事实。没错，我只对赚钱有兴趣，但不是只要赚钱就好，我也想要有绝对的力量。

举几个例子来说，工程师分成机械工程师、电子工程师、结构工程师、土木工程师等，但我们一开始仍算是个科学家。首先，我们必须学习基本的能量定律、重力定律、熵、运动定律等。学习的过程中，我对它们的信任要比对任何人、任何哲学思想更深。我在物理学定律当中探寻典范，它们也为我的个人抉择提供咨询。我变得更勇敢、更有自信，参加派对时也更乐于和别人聊天——如果你也想聊聊热力学定律的话。

本书的物理学任务

人生也许是易碎而不可靠的，人们也有可能发狂失控，但另一方面，重力、运动、能量和物质的行为举止却会以稳定且可度量的方式为之。了解这些定律，你就能在这一团混乱的世界里拥有坚实的立足点，在令人眼花缭乱的众多选项中寻找方向时也能有个地方站稳脚跟。当你知道该如何运用物理定律理解旋转的齿轮和自转的行星后，还可以进一步运用在个人生活中：键结在一起的原子是了解浪漫爱情如何发生的最佳模型；水沸腾变成蒸汽的过程，提醒你在人生不同阶段转换时要有耐心；浮在水上的物体可以教你如何创造个人特有的浮力；动量守恒的碰撞实验，提示你坚持留在正轨上的最佳办法。物理定律提供美好、有组织的决策架构，还有令人安心的感觉——让你知道人生并不全然是概率游戏。

除了物理定律，没有更好用的人生模型。我们是由原子构成的，也应该依循它们的原理。如果依循另一套不同的规矩，就会零零落落、受尽挫折。人类不但无法违反物理定律，相反它们还可以把我们整垮，但只要别傻到去对抗它们，物理定律也就不会来针对你。事实上，如果你了解这些定律并善加运用，当你的美好人生奏起摇滚旋律时，它们还会举起小小的荧光棒跟着一起唱和。

PART 1 〉〉〉

验证你的假设
科学方法

我第一次做科学实验，是在阿拉斯加州安克拉治的温特勒中学。七年级的科学老师丹尼尔斯先生，把科学方法写在黑板上逐条解释：

一、提出问题。

二、搜寻背景资料。

三、建立假设。

四、用实验验证。

五、分析结果、下结论。

六、发表成果。

丹尼尔斯先生在步骤五之后画了一条带箭头的虚线，指向步骤三。他隔着粗框眼镜斜瞄了我们一眼，解释道：如果结果与假设不相符，就必须回过头去建立新的假设。他拿出孟德尔的画像，告诉我们这位爱好园艺的神父有耐心地进行豌豆杂交，并把豌豆子代的特征全都记录下来。我们看了好几张开着紫花和白花的图片。有的豆荚发皱，有的豆荚平滑；里头的豆子有的绿，有的黄。只要知道豌豆的显性及隐性特征，他就可以用方格图画出子代的各种可能表现形态。学过豌豆之后，我们接着研究白化老鼠和牛身上斑块组合的各种可能选项。

不过呢，我最想了解的动物生活还是在温特勒中学的七年级生活。不久前我才注意到，学生之间有个严格的阶级体系存在：酷哥酷妹在最上层，聪明的家伙几乎在最下层。我还不确定自己属于哪一类，因为大家都认为一个人没办法又酷又聪明。在这个特别的科学实验中，限制条件就是所谓的"已知"。我到底是酷，还是聪明？这个问题并不简单。因为一方面，我在数学与英文特别资优班学习，会吹竖笛，还曾经以实验证明抽烟对室内植物的影响而在本市的科学展览中获得特别奖；另一方面，我有一些算得上是酷哥酷妹的特征：牛仔裤破破烂烂，后口袋还用黄线缝补过，而且我会骂脏话，各种变化骂法全都运用自如。

虽然我在两个阵营都有办法站稳，但我心里很清楚自己必须有所选择：要酷，不然就要聪明。很快就要上高中了，不做个决定不行。所以，我像个初入行的科学家，按科学步骤一项一项进行。

一、提出问题：要酷比较好，还是当聪明的家伙比较好？

二、搜寻背景资料：酷哥酷妹享受上层阶级的特权，像午餐时间学生餐厅的最佳座位、可以在课后社团跳性感舞，还有子弹也打不穿的自信。

那正是我真正想要的东西。我想要自信。

好多东西都让我害怕。四年级的时候，我妈开始有不明原因的癫痫发作。在那之前，我爸早就离开搬到得州了。我很怕妈妈的癫痫会在泡澡或开车的时候发作，这样一来，我就会被叫到校长办公室，然后秘书会告诉我妈妈已经过世了。我也很怕妈妈的新男友会觉得无法承担我们母女的生活——这位查克先生，我已经开始有点喜欢他了。更糟糕的是，妈妈说不定会跟他一起走掉，丢下我不管，就像我爸那样。

当个酷家伙，天不怕地不怕，真是种解脱。我对这些事情完全无能为力，但我可以尽自己所能让自己别去在乎。不管家里怎么回事，那些酷哥酷妹好像都不会受到干扰。学校里最酷的女生——莎拉，笑的时候嘴巴张得好大，还可以看到粉红色的泡泡糖挤在她的舌头和牙齿之间；她把成绩单揉成一团，像个 NBA 神射手般精准地投进垃圾桶里；就算是迟到冲进教室时，她也只是以耸耸肩来回答老师"你为什么迟到?"的问题。为了省力去做更重要的事情，比如偷东西，所以她讲话老是一副懒洋洋的样子，就像"搞啥?"之类的。她看起来很悠闲。那似乎是种过日子的好办法，至少在初中时期是这样。

三、建立假设：当酷妹比较好。

四、用实验验证：当个酷妹，体会耍聪明和耍酷有什么不一样。

有关真正的酷哥酷妹在初中是什么德行，我至少还知道两件事：他们的成绩很烂，而且会抽烟。这就是我必须先遵守的头号行为准则。我退出数学与英文特别资优班，到新班级上课的时候，学莎拉一样坐在教室最后一排。我把话浓缩成单一音节，"搞"就是爱搞笑，"拖"就是拖拖拉拉，结果没人听得懂我在讲什么。还好，数学和英文要得到烂成绩简直太容易了。

社会课会是个挑战。我们要看黑白影片，介绍加拿大各州的出口物品，还要用色纸做提尼吉族（Tlingit）的图腾柱。这些活动要表现得很差并不容易，我费尽辛劳，好不容易让期中报告拿了个丙，还是靠缺交阿拉斯加金矿城的作业，才有办法得到的呢。

学抽烟也不是什么简单的事。会抽烟很酷，不仅是因为抽烟本身，也因为偷偷摸摸的行为。我向更酷的八年级男生讨教，学会用手包住点燃的香烟，并把那只手收进外套口袋。

大家都会翘体育课，然后躲起来偷偷抽烟。这真是一举两得，因为同时可以达到两项实验标准：抽烟，以及烂成绩。回家站在镜子前，我练习用两根指头把未点燃的香烟若无其事地举到嘴边。可是不管再怎么练习，总是没法排除把令人作呕的薄荷味吸进肺里的那种昏沉感。这感觉糟透了，但我忍了下来。孟德尔的豌豆实验中，收获的第一批豌豆都是同一个颜色，他并没有因此放弃，当然，我也不轻言放弃。

我妈还没看到我的期中成绩单，查克就先发现我在偷他的香烟。后来他把辣得刮喉咙的土耳其香烟藏在自己的包包里，而我妈也规定了"写作业时间"。我被迫用厚纸板和树枝造了一个可怜兮兮又具体而微的矿镇模型，好让社会科的成绩加分。

泥泞的街道上撒着亮亮的金粉，牙签做成的阻街女郎慵懒地在歪斜的沙龙里透过窗户向外挥手。我对她们寄予无限同情，觉得自己跟她们一样累，而且咳得像个结核病患者（对结核病患者来说，我绝对咳得够酷）。我好想好想当个酷妹，希望能对自己的生活有些许掌握，而我能用的最佳策略，就是不去在乎将来会如何。

就在这个时候，一切都起了重大变化，我的一生完全翻转。查克和我妈结婚，收养我和姐姐，全家人搬到加州。我们开着脏兮兮的雪佛兰一路南下，我脸蛋惨白地望向窗外，在太阳光下眯起眼睛。等我们搬了家，爸妈针对"耍酷"启动了强大的抗叛逆手段——把我送去念天主教学校。

我们的制服是带有宽硬褶子的蓝色高腰花格裙和白色及膝长袜，怎么看都酷不起来，而且根本不可能翘掉体育课。圣约瑟修女会是个凝聚力很强的低调的组织，具有海军陆战队侦察兵般的直觉。她们穿的橡胶平底鞋很适合迅速且无声地接近目标，而且她们的听力超乎自然。坐在萝丝·玛丽修女的办公室里，听她解释为什么不可以在停车场骂脏话，她说这样会损及学习环境，也就是我所属的那一整个教师与学生群体，后来我便觉得还是别浪费时间和修女们作对比较好。我看得出来，她们以前解决过比我还难搞的女孩。至于我嘛，我还有点喜欢她们呢。她们真的满怀自信。修女们通晓各种运作方式，而且她们的使命就是要在我被软禁于此的四年（美国大多采用小学五年、初中三年、高中四年的学制）之中，竭尽所能把一切教给我。

五、分析结果、下结论。

我可以继续设法耍酷，但那已经没有什么意义。我其实不想抽烟，甚至不想翘掉体育课。我喜欢穿着宽大的红色运动短裤在大草坪上绕着圈跑，让阳光温热我苍白的双腿。我知道自己看起来一点都不酷，但没有关系。在圣母马利亚塑像的见证下，我冲向前去，超过其他女孩子，吸进湿草的芬芳，尽我所能地快跑，好远离阿拉斯加漫长的冬季。那时，我当酷妹已经够久了，久到连酷女孩们的秘密都知道。她们并不会不害怕或没压力。她们讨厌回家面对父母吵架、妈妈酗酒、厨房里空无一物的景况。所以她们老是凑在一块，在安克拉治的雪地里抽烟，看着最后一丝天光黯淡下来，才终于走进家门，勇敢地面对黑暗。

在新学校里，阳光透过窗户源源不绝地洒下来，彩虹横越天际，要我放开胸怀。我知道自己在圣约瑟修女会的护卫之下。在家，我不再负责开车，或需要在妈妈癫痫发作时把她从浴缸里救出来——那是查克的工作。我的实验彻底失败，所有限制条件都变了。即使是最优秀的科学家，也会遇到这种事。

我想起来丹尼尔斯先生怎么描述孟德尔的实验结果。这位穿着袍子的修士，耐心地在修道院的花园里为豌豆授粉，将白花和紫花的亲代配对，结果所有子代都是开紫花的。但是，这些子代的子代里，竟冒出一株开着白花的豌豆。这和达尔文的书里写的不一样，并不是变淡的浅紫色，而是从全紫花的亲代得出纯白花的子代。这位养花莳草的神父，从那朵纯白的花了解到，由父母传下来的基因并不会混杂成一团，而是保持各自的完整无缺。这个发现有助于了解眼珠的颜色、血型，还有我们可爱的雀斑是怎么遗传下来的——虽然未必都如我们所预期的那样。我从孟德尔和他的豌豆了解到，所有开花、种豆、重新思考，然后又从头开始的过程，正是一种科学方法。我并没有做错什么，我的实验有了进展。

查克还是把他的香烟放在屋外，留在车库的梯子上，但我不再偷拿香烟了。他抽烟的时候，我会到车库，问他手指为什么会在越南断掉，问他温度计的运作原理，什么都问，只是想听他平心静气的低沉嗓音被他保护性的烟雾包围。有一天他说："你很聪明，要善加利用你的聪明。你想做什么都能成功。"十四岁的时候，我只知道我想过得多彩多姿。但查克和圣约瑟修女会都清楚表明，当个聪明的家伙就是迈向丰富人生的好方法。

时候到了，该把我的实验收一收，整理整理。

三、提出新的假设：要聪明比较好；要聪明最棒。

PART 2 〉〉〉

空间是争出来的
大自然最讨厌真空

　　我知道大自然讨厌真空状态，因为在九年级开学第三个星期的时候，罗榭尔修女是这么说的。大自然这么不喜欢某样东西（在这个例子里，是讨厌"没有东西"）似乎有些诡异，但我觉得罗榭尔修女的话很值得信任。以前我只在电影里看过修女，她们要么是在想办法喂饱贫民，要么就是在帮助无依无靠的人。不管是哪种情形，看起来都诚恳而热心。罗榭尔修女和电影里的那些修女有点不太一样。她穿着亮丽的花洋装，拥有小巧、宛如强壮体操选手的结实肌肉，而且每堂课上课前都高声向耶稣祈祷，神色自若得像是一边喝咖啡、一边交换折价券情报一样。不过，她是个修女，我并不怀疑她的为人。

　　罗榭尔修女解释，"真空"指的就是一无所有。她把手指张开，双手举高，在空中挥来挥去。这个爵士舞动作是用来表示我们四周的空气里充满了氧、氮还有氦原子。罗榭尔修女说，我们早就习惯了这些看不见的气体原子和它们加在我们身上的压力，甚至无视了这一情形。但如果空气不见了，它每平方厘米大约 1.0336 千克的压力也将随之消失，我们就会遇上麻烦。我们的耳膜会破掉、内脏会扩张、身体会肿胀得很不舒服，过不了多久，就会在浑身不对劲中死去。

把爵士舞的手势放下后，罗榭尔修女歪着头，用她那一排乱翘的刘海对着我们，这表示"请大家仔细想想大气压力"。

在这所新学校里，我马上注意到一件事：经常需要仔细想想。举例来说，平常上课的日子，我们需要思考《新约圣经》中的寓言、《老人与海》中的象征，还有，如果我们没在白色制服衬衫里穿胸罩的话，表示什么意思。关于最后那个问题，我的猜测并不正确。显然，不穿胸罩就出门并不是指"我出门的时候，内衣还在烘衣机里没干"，而是宣告"我是个性生活不检点的女孩，将来要过着因梅毒而失明的日子"。

为了提醒我们进行科学思考，罗榭尔修女会提出一个问题，然后挑起双眉，热切地看着我们，身体还会微微前倾，屏息以待。我比较担心的是她会把气憋住，停止呼吸。要是没人回答，她说不定会昏倒，然后往前栽个跟斗，跌在第一排的人身上。

其他的女孩似乎并不担心，说不定她们知道修女老是这么做。她们知道很多我不知道的事情：依着看不见的提示在胸前画十字；进教堂时要来个怪怪的小小屈膝礼、起身、坐下；响应"阿门"和"也与你同在"时，动作一致到让人头皮发麻。我一直比其他人慢个两秒、十字画错方向、该坐的时候站着，或是喃喃念着"哆蕾咪哆"，看看会不会刚好跟她们念的东西押韵。

这些女孩熟悉天主教的舞步，却不了解人的身体需要换气。或者说，她们并不在乎。我尽量回答问题，其他人却一片死寂地坐着，安心地看我们的老师在台上卖力演出。整堂课都是这样进行的——我想尽方法回答娇小老师的问题，还有接续关于气体分子讲到一半没讲完的话，以免她憋到没气。

为了示范大自然有多讨厌真空，罗榭尔修女拿着一台小型电动水泵，用一根管子和一只塑料水瓶连接在一起，在阵阵嘈杂声中讲解。随着水泵慢慢吸出瓶子里的空气，瓶子越缩越小，最后扭曲变形。罗榭尔修女继续她的酷刑，兴高采烈地说明，当我们将瓶内空气移走，外头的空气就挤压瓶身的塑料。瓶内已经没有空气往外推，瓶身只受到外部的压力。

科学家说"大自然最讨厌真空"，是因为瓶子外头的空气看起来会不顾一切挤进水瓶内的空间。

罗榭尔修女突然施出空手道的手刀动作，几乎要碰到皱巴巴的水瓶，她用这个动作来表示水瓶外的气压。仔细想想，我真是小看了修女的街头格斗技，应该把她的体形、职业，还有苗头不对时会有超强后援一并列入考虑。接着我又在想：我怎么老是想个不停？

罗榭尔修女打开一包超大的棉花糖，这使我一下就被吸引住了。如果她点燃本生灯，再拿出一些全麦饼干和巧克力棒的话，我第一个志愿当她的助手。我环视整个房间，发现自己位置绝佳，完全没有其他人在关心棉花糖的事。

罗榭尔修女把三颗棉花糖放在像是倒扣的大型玻璃色拉

碗下面，又打开轰隆作响的马达。碗顶的小孔塞了个软木塞。管子一端穿过软木塞，一端通往水泵。她问同学们，如果把碗里的空气抽走，会发生什么事。全班一片沉寂，她屏住呼吸等待回答。和往常一样，我和罗榭尔修女合力演完整出戏。

确定那玻璃碗要比塑料水瓶还坚固，不会变皱或裂开后，我注意到那些棉花糖胀大膨起。棉花糖四周没有空气，也就没什么东西挤压它们。棉花糖会往空无一物的空间扩张，真酷。罗榭尔修女正在兴头上。

她没忘了告诉我们，如果把头伸进航天员的头盔，然后把里面的空气全部抽光，我们的脸就会像这些棉花糖一样肿起来。缺氧之前，我们差不多有 90 秒的时间可以仔细想想科学的奥妙之处。在那段时间里，我们可能会觉得舌尖的口水由于压力下降而沸腾。她提醒我们，大叫也没用，因为声音是一种波，必须借由挤压空气才能前进，所以在真空中无法传播。我绝对、永远不会把我的头伸进航天员的头盔里，再把空气抽光，好看看自己的脑袋会不会变肿。

接下来的那个星期，罗榭尔修女由空气的实验进展到水的实验，我又多学了几样重要的知识。首先，当她拿着实验室里的水管时，别靠得太近，因为她常会手舞足蹈。其次，水和空气的行为有许多相似之处。如果水包围着某个没水的空间，它会极力进入那个干燥的区域，就像塑料瓶外头的空气努力想进入没有空气的塑料瓶内部。

罗榭尔修女解释，我们用吸管吸东西全都是应用这个原理。感觉似乎是我们把冰茶吸进嘴里，但我们只不过是清掉吸管里的一些空气，让冰茶被推入吸管，而推力来自茶水表面的空气。待在杯子里的茶水感受到表面众多空气分子的重量（大气压力），但既然你已经把吸管里的空气吸走，压在冰茶液面的压力一下子高过液面下的茶，姜汁绿茶就这么往上前进，落入你嘴里。

和大气压力对赌

提供各位一个可以赚点零用钱的趣味方法。罗榭尔修女并没有教我们这么做，不过相关知识都是从她那儿学来的。下回，当你在演唱会后台遇上别的乐团，可以叫各团主唱出来比一比，看谁的肺最有力（只要是当主唱的，不管是什么比赛都绝对不会错过，而且他们对自己的肺活量都十分自豪）。提个主意，每个人出二十美元，赌一赌肺活量（如果是坐豪华巴士巡回的团，赌金就要乘十；如果只有乐器坐车，而团员搭飞机，那赌金就得乘上一百）。告诉大家，谁赢了就可以把钱全都拿走；不过万一没人成功，那就庄家通吃。就在各家主唱开嗓暖身的同一时间，你从包包里拿出两根 10 米长的塑料管，粗细就跟吸管一样（随身携带塑料管还有很多其他绝妙好处）。然后呢，再跟灯光师借两把梯子，请各团的主唱爬上去，站在同一阶——位置要够高，头部距离底下的啤酒瓶要超过 10 米。拿出秒表，告诉这些主唱，谁能在规定时间内最先像个古希腊喷泉一样，把含在嘴里的啤酒吐出来，证明自己可以用吸管吸到啤酒，就算获胜。

倒数计时要做得有模有样。接下来就好好欣赏这几位主唱用嘴费劲地吸气，和超级名模一样吸到腮帮子都凹了下去。看起来谁都没办法用吸管把底下的啤酒吸上来，这时可以说点鼓励的话，祝他们好运，再把赢来的赌金收一收，赶快准备闪人。

你可以带着十足把握进行这项科学示范（说"欺诈"就太难听了），结果也绝对包你满意。因为不管乐团主唱的肺有多强，他们顶多只能把吸管里的空气吸光。没有别的力量能把啤酒抽上去，只能靠大气压力从另一侧推，所以啤酒能上升多高是有极限的，这个极限刚好是 10 米。你赢定了。

手动抽水泵也是用同样的道理运作。抽光水泵里的空气，水就涌出，这是由井里或湖面上或香水瓶里的空气施力推动所造成的。就和吸管一样，手动抽水泵并没有抽水，它只不过是把空气分子清光，以至于液体另一端的空气压了下来，赢得推挤比赛的胜利者宝座。

生活物理学：大自然会设法把空缺补满

当我觉得生活塞得太满，于是开始清理衣柜、清理行事历时，同时也必须留意"大自然讨厌真空"这回事。我很清楚，大自然马上会设法把空隙填满，而且不这么做不行。也因为我知道大自然的这项特性，所以一开始就要压制它，清空或补满都必须由我来控制。如果星期五晚上空出来了，却没有用其他事情补上，大自然就会忍不住插手。它不挑，随便什么都好。我会被选进业余的马球队，赛后都得大口狂饮啤酒，或被说服提供外来鸟类临时收容服务。这两种活动我都没意见，可是我的酒量没那么好，而且看到鸟就会吓得魂飞魄散（我三岁的时候看了几段希区柯克拍的《鸟》，真是大错特错）。

不管是谈恋爱、生涯规划或者生活当中需要花点心思的其他什么事情都一样，千万别出现真空状态，要在大自然动手之前，自己把空间填满。

如果你不希望自己好不容易创造出来的新空间立刻被填满，需要有时间决定究竟自己想要什么，那就要做好准备，因为大自然会努力扳回一城。你当然有可能整理出一块净土，不过要花费不少心思。许多念佛的、坐禅的、练瑜伽的人终其一生都在腾空间。也许表面上安详平和、处事低调无所争，但他们可是和自然打肉搏战的高手。就像罗榭尔修女对付塑料空瓶那样，当大自然不断试图压垮他们时，他们还要对抗如潮水般涌来的诱惑、猜疑和欲望。如果大自然对你想保留的空间施加压力，不妨试试我的办法：想象罗榭尔修女拿着吸尘器的吸头，靠在你心脏、脑袋或是什么需要清空的地方。闭上眼睛，什么都别想，就让吸尘器噗、噗、噗、噗，吸得清洁溜溜。

★ 物理练习

一、海平面的大气压力是每平方厘米 1.0336 千克，这样的压力把水推进空管子里时，高度可达 10 米。那么，为什么用吸管只能让水升高大约 6 米？

解答：我们的嘴没法制造出完美的真空。

我们就算吸到脸颊发酸，也没办法把空气里的每一个原子都抽离吸管。因此，在吸管这边还是有些力量可以对抗压在液体表面上的大气压力，所以没办法让水上升到 10 米的高度，而只能上升到大约 6 米的高度。由于人们喜欢把饮料拿在手上，所以用吸管喝倒是不成问题。

你可以自己算一算。你应该还记得以前学过水的密度。当时你很认真，并没有分心去注意前面那个家伙的脖子长得很奇怪。水的密度大概是每立方米 1000 千克。等式的一边是水的重量，另一边则是大气压力往下推的重量，解出高度：

1000 千克 / 米 ^{3} × 水的高度 = 10336 千克 / 米 ^{2}

水的高度 = 10336 ÷ 1000 米

水的高度 = 10.336 米

二、棉花糖在真空中膨胀，此时重量有没有改变？这样热量会更高吗？

解答：膨胀的棉花糖其重量和所含热量仍然跟原来一模一样，因为棉花糖的质量并没有增减。只是质量分布的方式不同。

三、如果你能用吸管吸水的高度是 5.4 米，再用密度比水大的水果冰沙来试，这时候能不能用吸管把水果冰沙吸得更高，或是跟水一样高？

解答：由于在饮料表面各点的大气压力都是一样的，因此无法得到额外的助力。至于你的嘴，也一样会在饮料表面与吸管之间造成同样的压力差。唯一有变化的就是吸管内的液体重量。既然水果冰沙比水重，那就没办法吸得像你用吸管吸水一样高。

四、还有谁在用"最讨厌"这个词？

解答：科学老师、吸血鬼、鼓吹内战的人。

★ 试着做做看！

从前面和乐团主唱打赌的经验，我们可以了解到，用一根10米长的吸管吸饮料是不可能办到的，那么我们来研究研究可用多长的吸管来喝饮料，还有大气压力的作用吧！

你需要的是两根长 7.5 米的吸管，两杯调酒，一队好胜又青春健美的高中或大学啦啦队。

找一处沙滩（为了确保你和海平面一样高，而且落地时较软），把装着调酒的杯子放在沙地上。再找一群强壮得不得了，而且平衡感超级棒的啦啦队员，请他们叠成金字塔，你则高高坐在最上层。试试看从那个高度用吸管喝酒。

接着，把吸管剪去 30 厘米，然后变换阵势，让你坐的位置同样降低 30 厘米。反复操作，直到你能把调酒吸起来为止。把能吸到调酒的最大吸管长度记录下来，接着，带着那杯调酒和啦啦队员来到喜马拉雅山的山脚，同样从头做一遍。在喜马拉雅山的山脚下，你能用吸管喝到饮料的最大高度是多少？比较短，还是比较长？

　　解答： 在沙滩上，大气压力全都压在液体的表面，根据把空气抽出吸管的能力大小，当你把吸管里的空气吸出去的时候，调酒可在吸管里上升 3 到 6 米高。

　　高海拔的喜马拉雅山大气压力较低，压在液面上的压力就比较小，所以即使你把吸管里的空气抽出来的能力一样，你能用吸管喝到饮料的最大高度也会比在海滩上的要低；这是因为把调酒推进吸管的压力减小了。

　　记得招待啦啦队员做喜马拉雅玫瑰盐去角质按摩。他们还真有耐心，居然肯听从你的怪异要求。

PART 3 〉〉〉

数学不但实用，还很优雅
数学不是用来害怕的

高二的时候，我很怕上代数课。那些双曲线、自然对数还有虚数，就像一团迷雾在我脑袋里缠绕。我很想找个方法让自己这辈子都不必再学数学。

当时我还不能体会数学的优雅和实用性。好几年后我才知道，如果想准确描述细菌生长、空气压力还有瀑布，只能用数学语言。借由数学，我们可以把能量守恒当成概念来欣赏，还可以进一步拿来运用，让桥梁不会崩塌。数学让我们从住在偶然遇到的洞穴，进步到能设计一间可安全建在山顶的房屋，让我们成为发明家而非腐食者，成为设计师而不是空想家。

的确有办法完全不用数学来讲解物理，但不容易，就像你想跟某个人描述一场生日派对，参加派对的人他一个也不认识，却不能用任何名词表示。当然还是可以借着动词、代名词和指手画脚来说明，但很可能搞不太清楚到底用火点燃了什么东西，而主客为什么被迫只能靠着吹气扑灭燃烧的火苗。

描述派对时，名词极为重要。同样的道理，描述物理也必须用到数学式。如果想叙述浮在水上的游艇、加速飞行的子弹，还有完美做出高台跳水需要的角动量，最简洁最清爽的方法就是通过数学。

学生时代觉得代数和门禁一样扫兴的读者，我了解你们不愿意再碰数学的想法。我向各位保证，我也不是天生就爱数学。算术还算可以，但一开始并没有那么顺利。一年级的时候，我很希望自己有一天能比姐姐还大。我六岁，她九岁，所以只要再过……哦，太多了，算不出来还要过几个生日我就可以比姐姐还大，我就可以当她姐姐了！

我擅长阅读，但没有数学方面的天分。以前玩大富翁的时候，姐姐随便就可以赢我好几万花花绿绿的"钞票"，还有一堆塑料做成的房地产。我每次都挑不同的棋子，以为狗也许会比鞋子更成功，或是顶针要比帽子的运气更好。不过换什么都没用。如果对方拿大钞给你，你却无法正确找零的话，怎么做都没办法帮你在这假造的高风险金融市场活下去——就算用跑车当棋子也一样。

七年级以前，我勉强还能和数学一搏。可是到了高二，代数课变难，我在吃晚餐的时候公开宣布要把它退掉。查克带小孩已经带出心得，只说我应该去和辅导老师谈一谈，他知道辅导老师一定有办法帮我攻克难关。他说得没错，我和辅导老师没讲几句话就被搞定了。结果，我唯一的收获是写一张"抱歉上课迟到"的字条，然后乖乖回原班继续上课。我鼓起勇气战战兢兢，设法让成绩从丙进步到乙下。

高三那年，我的数学表现完全改观。三角学和基础微积分是由十分时髦且讲究造型的琼森小姐负责，她脚蹬高跟长简靴，披着直直的长发，为数学代言既有魅力又有说服力，她让我相信三角形和曲线优雅而有力。有一天，我去办公室找她问问题，她带着我看完一道又一道绘图题，然后我们还聊到应该多久洗一次头。她的小秘方是每两天洗一次头，这样头发就能柔柔亮亮。三角学和美容方面的建议结合起来，给我留下了深刻印象，在塑形中的青春期头脑里，数学已经和美紧紧缠绕在一起分不开了。

到了大学，微积分已经难不倒我了。当时我了解到，数学课并不会越来越难，就跟学语言的道理一样。第三年的意大利文课并不会比第一年难，因为你已经懂得如何卷舌发"r"音了，对你来说，意大利文反而更简单。换成微积分当例子，就是你已经学会想象一条线如何越来越靠近坐标轴，却永远不会碰到它。

幸好当年自己用数学耕耘了未来。我原本对数学有错误的印象，以为它看起来很难，而且自己不是这块料。现在我知道这种想法有多可笑。我们从来不会说："我天生不是阅读的料，所以放弃了。"我们把阅读看成一种关键的求生工具，但为什么对数学素养却没有相同的认知？为了了解个人的财务、医疗记录，或者有人想卖你很不划算的保险合约，当然需要头脑清晰且满怀自信地搞懂那一堆数字。

数学简洁且诱人

为了了解基本物理学，我们还是得承认数学式陈述就等于事实的快照。举例来说，$3+2=5$。是啊，这是真的。你也可以用文字表达同一件事：三加二等于五。不过，随着概念变得更复杂，使用文字来表达就会越来越难，而方程式确实是更直觉也更美的选项。"能量增减等于质量增减乘以光速的平方，其中光速为常数"就是不像"$E=mc^2$"那么简洁优雅。

当数学式变成 $3+x=5$ 这样的算式，才真的开始有点意思。少掉的那个数字 x，应该是 2，没错吧？如果你知道一些基本的宇宙真理，而且需要找到偶尔少掉的那一块，这类数学问题就很有用。

你需要遵循的规则只有一条：诚实。假设一条数学式刚开始是对的，但你在等号这边乱弄一通，却没在另一边同样操作，这式子就不对了。必须在等号两边做同样的操作，才不会让等号骗人；假设一边加 47，另一边也要加 47。如果你看到等式里的数字就紧张，心里一定会想："我怎么会想在等号的两边东弄西弄？为什么不慢慢往后退开，避免和那神秘的 x 对上眼？"这么说好了，也许你想在等式的一边得出原本不知道的事情（速度、重量、时间），好让方程式对事实的快照可以简化成有用的陈述句，例如："我的车要跑多快，才能飞越已经打开一半的活动式吊桥？"

利用数学式来描述事实，就像把你的家当装上一架小飞机，准备前往阿拉斯加的钓客小木屋度假（你待在那里的一整个星期中，可以享用十二种不同烹调法做成的鲑鱼大餐），飞行员需要让飞机左右两侧的重量相同。假设飞行员已经宣布飞机两边的配重相等，但这时候你才发现还有两件重量相同的必需品要带——你要把慢烘有机咖啡豆和敏感肌专用的除毛膏（一整罐，真的假的？）都放在飞机同一侧的舱顶置物箱吗？

当然不行，一边放一件，才能让飞机保持平衡。之前是平衡的，你只要在每一边都加上同样的重量，就可以保持原本的平衡状态。飞机的总重量虽然增加，不过两侧还是等重，所以飞行员还是很满意。当你飞进阿拉斯加渺无人烟的森林里，一定非常希望飞行员开开心心的。

把想法化成数字

为了测量并微调我们感兴趣的东西，好让它们可以用数字来表示，我们会问朋友："从 1 到 10 分，你的约会对象到底有多逊？"这个时候就是用数字表达事情。对这类问题的回答，提供的信息会比"你的约会对象很逊吗？"更多。

如果你在研究一群大学生，想知道他们觉得怎样才算吸引人，可以拿很多人的相片要他们指出相片中的人多有吸引力。答案千奇百怪，像是"超辣""还好""脖子上有龙刺青的家伙最帅了"，还有"只要长得像我妈，我就喜欢"。这些信息可能很麻烦也很有趣，却不是很有用的资料。你需要把反应量化，方法是要学生从 1 到 10 分为相片评分。这么一来，你就能得到一些数字，可以发挥一些作用；如果要得到更准确（也更诚实）的测量，你可以把显示受到吸引的生理反应记录下来。举例来说，鼻孔扩张、眼睛快速眨动和腋温升高是目前已知的指标。如果鼻孔张开 0.2 厘米、每分钟眨眼次数增加 5 下、腋温是 37.2 摄氏度，就可以确定观看相片的人有什么感觉。

在科学圈里，这个把信息转译成数字的程序称为"量化数据"。

单位：数字和胡扯之间的细微差别

一旦有了量化的数据，你就可以用有意义的方式将它合并或分离。高一上科学课的时候，罗榭尔修女就教过我们怎么保持单位的正确性。这很重要。如果你弄混了加仑和升、摩尔和微克或马力和牛顿，你就会发现自己掉进自己搞出来的奇幻世界里，处处都是不成比例且没有意义的结果，很快就会摔个鼻青脸肿。

想确保单位的秩序，对待它们的方式就要和对待数字一样。还记得在学校学过的分数乘法吧？分子和分母可以相互抵消，所以 1/4×4 可以写成 1/4×4/1。分子乘分子，分母乘分母，就得到 4/4。分子的 4 和分母的 4 互相抵消，就得到完整的数字 1（如果这让你回想起以前数学课的惨痛经验，真是抱歉。别吓跑了，好好做个深呼吸，现在不用打分数）。

我们可以用相同的方式，把位于分母的单位与分子的单位抵消。假设你 5 分钟可以跑 1 千米，想知道如果保持这个速度跑完全程马拉松要花几分钟，就可以做些单位消去的运算：

5 分钟跑 1 千米，可以表示为 5 分钟 / 千米。全程马拉松是 42.195 千米，所以你的算式就会变成这样：42.195 千米 ×5 分钟 / 千米。别忘了，42.195 之后的那个单位，千米，有个分母 1 隐藏起来了（表示跑一次）。两边的"千米"可以消掉，因为分子和分母都刚好有一个；42.195 千米 / 1×5 分钟 / 千米＝ 210.975 分钟，差不多是 3 小时 30 分。还不赖。

这就是一次良好而正确的因式分解运算。你针对跟在数字后头的单位，以数学方式安排，让它们可以彼此消去，而得到你想要的信息。这方法很便利，因为知道分式之中分母和分子的单位后，要怎么配置跟着单位的数字就变得一目了然。

虽然说了那么多，但我承诺不会在这本书里强迫大家做算术。我可以用加速度算出速度，或用水的密度和重量计算有几升，这用的是规规矩矩的数学和宇宙的规律，当然还要遵循等号两边要平衡的规则，同时注意单位。书里偶尔会出现几道公式，但如果这些数学里程碑没办法帮你把概念具体化，那你就像在路上遇到打得火热的情侣时一样比照办理吧：路过的时候好奇偷看一下，不过脚步可别停下来，除非他们邀你一起加入再玩一次。

我知道，你不可能像毕达哥拉斯的信众那样，对代数和几何抱持无比的热情。据说他们有位门徒因为用了无理数而惨遭不测。"无理数"这个名字取得并不恰当，只不过是像"1.41421"这种无法以整数的分数式简单表示的数字罢了。那些信众都是些不知变通的数字怪咖，相信所有整数都是神所创造，而且数字如果只能用一长串没完没了的小数表示，却不能用整数的分数式表示，绝非好东西。拜托，到底谁才是"无理"之人啊？我承认，他们对数学的兴趣可能太过了，不过我很了解这些人为什么会被数学感动。

三角和几何的威力，可以让你不用爬上山顶就知道山有多高，不用走过弯路就知道抄近道的距离有多远。它们看起来像是神奇的魔法，而这些学问甚至解开了宇宙的秘密。

俄国数学家苏菲·柯瓦列夫斯卡娅在乔治·艾略特位于英国的家中的沙龙里，与达尔文、赫胥黎一起闲聊，她说："想成为数学家，必须具备诗人的心灵。"这话说得真是太好了。我还要加上一句，数学家绝对不会被耍。即使是业余的数学家，也可以胸有成竹地搞清楚退休金，画出减重曲线，并且比较不同航空公司给常客的优惠项目。你还能把数学用在日常生活中，也可以用来设计快艇、分析新疗法对癌细胞的作用效果。只要充分发挥，数学就真的能像诗一样：简洁、低调、有力。

★ 数学练习

一、用数学公式对应以下的物理概念。如果你已经把以前学过的全都忘得一干二净，可以很快复习一下：如果两个数字放在一起，或包在括号当中并排，或两者之间有个乘号，就表示相乘。所以，下面几种都表示 x 乘以 y：

xy

$x\,(\,y\,)$

$x\times y$

如果两个数字用斜线隔开，就表示相除，所以 x 除以 y 可以写成：

x/y

如果你把高中毕业前学会的都忘光光，那还有几件事要知道：任何数字除以 0 就等于无限大，圆周的长度等于 $2\times\pi\times$ 半径。现在来配对看看！

文字陈述

1. 一个物体只要受力就会加速。力就是所移动物体的质量乘以它的加速度。

2. 如果有个物体以辐射形式释出能量，它的质量就会减少，减少的质量等于能量除以光速的平方。

3. 位于某个初始高度的质量，其势能等于它从该高度落下时，因重力所得加速度而将高度转换成速度所具有的能量。

4. 最令人不爽的莫过于：开车等红灯时前车有人拿三明治出来吃，结果他们根本没看到红灯已经变绿灯了，而你按喇叭提醒他们时，对方还对你比中指，好像你做了什么没礼貌的事。事实上，真正没礼貌的是他们才对。

5. 亲近导致鄙视。

6. 距离加深爱情。

数学式陈述

A. $F = ma$

B. $E = mc^2$

C. $mgh = 1/2mv^2$

D. 红灯变绿灯的时间延迟＝不爽

红灯变绿灯的时间延迟＋比中指＝不爽/0

E. 鄙视程度＝ $TK + 1/(Cd)$

其中 T 是待在同一个房间内所经过的时间，K 是由经验得出的常数，表示每小时所累积的鄙视。C 同样是由经验得出的，单位以爱情/千米表示。d 为距离，单位是千米。

注意：如果距离变得够小，使得总爱情（Cd）小于1，算式

1/（Cd）就会大于 1，使得总鄙视值更高。

　　F. 爱情＝ Cd

　　其中 C 是由经验得出的常数，以爱情 / 千米为单位。d 为距离，单位是千米。

　　二、用数学式陈述你在中午过后摄取与消耗的热量：吃完一盘 500 大卡的墨西哥卷饼后，跳了 27 分钟的舞，每分钟可消耗 10 大卡。接着走 1 千米的路去听演唱会，消耗了 160 大卡，同时边走边吃了 12 个小熊软糖，每个热量有 9 大卡。在演唱会现场，你和朋友平分 0.5 升的啤酒，热量是每升 500 大卡。接下来你为了保护朋友，用空手道跟别人对打了 4.5 分钟，每分钟消耗 12 大卡，因为他老爱找女生聊天，结果把人家的男朋友惹毛了。警察来的时候，你和朋友必须逃跑，以 100 大卡 / 千米的消耗率跑了 0.8 千米，来到一个半径 18 米的圆环，还沿着圆环继续跑了半圈才叫到出租车回到家。

　　解答：总热量＝ 500 － 27（10）－ 1（160）＋ 12（9）＋ 0.5/2（500）－ 4.5（12）－ 0.8（100）－ 3.14（0.018）（100）。经过这么多令人亢奋的事，你所摄取的热量比燃烧掉的还多 163.35 大卡。睡觉前再跳绳跳个 18 分钟，热量进出就差不多平衡啦。

PART 4 >>>

人生切莫空转

能量守恒定律

就在同一个星期里，艾莲诺修女提到耶稣让拉撒路死而复生，罗榭尔修女则表示能量无法创造也无法破坏，只能转换形式。这两堂课似乎有所关联。

我脑子里一直在想罗榭尔修女写在黑板上的势能与动能公式。假设事情就像耶稣和修女们坚持的那样，我们死后还有某样东西存在，那它一定要离开我们的身体。如果灵魂不是实体，就一定是某种形式的能量。当那最后一股能量离开拉撒路的身体往天堂飘去的时候，耶稣想必拦截了这缕小小的青烟，包在手掌心里，然后小心翼翼地送回拉撒路的身体里，让他重新活过来。

在我的想象中，耶稣使劲一揉，把能量推入拉撒路的胸膛，已死之人的眼睛就这样再度张开，搞不清楚刚刚发生了什么事。这就是改变了形式的能量，没有创造，只是弄热、搓揉、移动。显然耶稣已经读过热力学第一定律，因为他让这个改变形式的做法流传下来。前一刻拉撒路死了，后一刻他坐了起来，还要了杯水。干得好，耶稣你真是个科学家。

我在想，艾莲诺修女和罗榭尔修女搞不好在隔壁的修道院里一起拟订教学计划。我想象她们一边喝着调酒，一边大声讨论各种转换：死而复生、清水变美酒、信仰化成行动，并且把这些包裹在课堂的教材里，让我们把一切结合起来：耶稣是科学家、牛顿是救主，上帝把戒律写在石板的一面，另一面则写着热力学定律。我知道这种想法有点牵强啦，但似乎也没有什么不合理。

宇宙已经拥有它所能得到的全部能量。耶稣和罗榭尔修女对于这个想法或许很满意，但对我来说仍是个很吓人的概念。

我们绝对无法再造出更多能量，只能当能量变化的媒介。太阳的能量储存在蔗糖里，我们吃了糖，并把它的热量转换成接吻还有裸泳需要的能量。就像宇宙中其他生物一样，我们都是能量转换机。你可以把甜甜圈转换成用美丽的双腿跳舞、把饼干转换成在动个不停的脑子里计算，但你不能创造任何新的能量。宇宙已经拥有我们所需要的一切能量，这就是热力学第一定律。没错，规定就是这样。

我们所遇到的能量转换，很多是一般所说的势能转换成动能，或是反过来。势能是静止态的能量，等着以某个方式利用或启动；动能则是动作态的能量，如果我们把球直直往空中扔，就会给它一些动能。在球往下掉之前，会有一瞬间停在空中，那瞬间完全只有势能，不存在任何动能。当球往地面下降的时候，就已经把势能（高度）转换为动能（速度），并且在与地面撞击的那一刻消耗掉动能——发出咚的一声、球弹跳一阵子，同时还有一些草和土被推开。

势能：看两集《哔哔鸟与歪心狼》就知道了

为什么 19 世纪的物理学家会说我们无法创造能量？发电厂制造能量，对吧？并没有。就算我们以为自己制造出能量，事实上却不过是转换能量。在发电厂里，可以把天然气转换成热能、把水转换成蒸汽，推动涡轮、转动发电机、产生电流，再供电给你的计算机、电吉他还有冰箱，这样你就有办法写出超棒的音乐剧，赢得东尼奖，然后开一瓶香槟庆祝。

谢谢你，热力学第一定律！不过这里并没有产生新能量。煤、天然气或核物质里的潜在能量转换成热能，再转换成动作（动能），又转换成电能，经由电线传送到你的计算机、电吉他以及冰箱里。唯一新创造出来的是你美妙的音乐剧。

如果我们没有开挖天然气，然后在发电厂里把它转换成热能，它还是会带着势能安安静静地待在地底，等着被发掘，就像在乡下小剧场等待伯乐出现的天才演员。

势能急着一展长才，想做点令人兴奋的事。势能的类型有好几种，其中最容易想象的就是重力势能。等着从山上滚下去的雪球拥有很多势能，只需要往下掉，就可以把由高度而来的势能转换成一场小型雪崩。另一种势能是化学能，车子里的汽油就是最佳例证。由于汽油的特殊化学组成，可以燃烧并释出能量驱动你的车子。

我最喜欢的势能是弹性势能（看来大家各有偏爱）。东西伸展、拉长，或以其他方式变形，并等着弹回原本的形状，用科学的方式来描述就是"弹性势能"。弓箭、弹射器、橡皮筋还有弹簧，会在力量逼迫之下脱离最舒适的姿势，当它们弹回原位并用掉弹性势能时，把箭射出、让石头飞越城墙，永远忠诚于原来的状态。

如果你想看看每一种可能的能量转换，只要看几集《哔哔鸟与歪心狼》卡通就可以了。大笨狼很有创意地运用弹力势能、重力势能还有化学能，屡战屡败（它是个天才工程师，可是需要一名优秀的项目经理协助管理时程、项目执行，以及哔哔鸟的行为研究）。

动能：来玩玩高空跳水吧

体验势能转换成动能的最佳方式，就是去牙买加玩悬崖跳水。爬上悬崖，随着你越爬越高，就能以提升高度的方式得到势能。而体重乘上与水面的高度差，就是你取得的势能。

等你到了顶端，站在悬崖边往下看着水面，可以想象一跃而下后，就能把所有势能转换成动能。你也可能在想，大力冲击水面那一刻，泳衣没被冲走的可能性有多高。如果知道落水时会有多少动能，也许比较容易回答后面这个问题。于是，你站在悬崖边鼓起勇气往下跳前，做了点小小的运算。

你的势能就是体重乘上悬崖的高度，所以要把体重64千克乘以要跳的6米（嗯，没人在悬崖上帮你量起跳时的体重啦——不过你想实话实说也可以）。

你准备就绪，带着384焦耳的势能（64×6 = 384），并将它转换成速度、肾上腺素，还有担心泳装发生意外的一点点紧张。你跨出悬崖来到半空中，身体直直往下掉，开始加速。你的入水姿势是优美而静谧，或是一边尖叫一边挥舞手脚都无所谓。每往下掉 1 米，就会把高度逐渐转换成速度，用更科学的方式表示，就是把势能转换成动能。触及水面的时候，势能就会全部转换成动能。

384 焦耳是什么意思？就是要把 384 千克的物体移动 1 米，或是把 1 千克的物体移动 384 米所需要的力。站在悬崖边，如果你心想："水里不知道会不会有鲨鱼等着，还努力压低笑声等我掉进它们的便当盒？"那么就算知道这些数字，对你也没什么帮助。但或许你想知道如果肚皮先落水的话，384 焦耳会是什么感觉。你决定算算看撞到水面的时候速度有多快。这倒容易——把势能放在等号一边，动能放在另一边：

势能＝质量 × 重力加速度 × 高度

动能＝ 1/2 质量 × 速度 ^{2}

如果你的势能被转换成动能，算式就是：$mgh = 1/2mv^2$

你的体重刚好可以左右抵消（看吧，就算你说自己是个胖子也没差）。接下来把你所知道的数字代入，解出速度：

9.8 米 / 秒 ^{2} × 6 米＝ 1/2 × v^2

从这就可以算出速度了，对吧？把等号左边的数字乘一乘，然后两边都 ×2，最后再把等号两边都开个根号，右侧就只剩速度一项。你算出自己会以每秒 10.8 米的速度撞击水面，差不多等于时速 38.9 千米，这对于没穿多少衣服在空中飞的人来说，算是相当快的。

还记得吧，你会以时速 38.9 千米的速度撞击水面，而不是撞上砖墙。你认为水有好处，可以让速度渐慢下来，而不会突然停住。你撞到海面时，海水会用一两秒的时间让你停下来，到时候你所有的动能都可以用来推开海水；要是撞上人行道，就不会像水那样挪开位置给你，全部的动能都会转换到即将摔断的腿上。不过反过来说，如果跳到人行道的话，就不会落入饥肠辘辘的鲨鱼大嘴了。两种状况都有好有坏，只是顶着因撞击水面而红通通的肚子奋力游到岸上，总比全身骨折打钢钉固定要好得多。

你在悬崖上站得够久了，都快晒出泳衣的痕迹啰。你在脚边的地上写满算式，而且聚集的人越来越多，好奇你是不是需要帮忙。只好跳了。你把由高度而来的势能转换成以速度表现的动能，而且有了超棒的人生体验、激动人心的科学实验，还把自己砰的一声大力撞击水面前那极为怪异可怕的惨叫声全都录了下来。一切都很值得。

生活物理学：提高人生的能量转换率

车子陷入泥巴或雪地的时候，需要将很多由汽油而来的势能转换成动能：空转的车轮、飞溅的泥巴，还有过热的引擎。驾驶也会把热量转换成汗流浃背敲打仪表板的动能。结果并不怎么有生产性，没什么价值，也不够有气质。

不论是困在除夕暴风雨里的轿车，还是一边轮胎卡进山沟的超大货车，都能让我们从中学到很多东西。早在几年前，我就下定决心不再空转。我列出一长串感觉像是空转的活动：杞人忧天、小题大做、抱怨、受邀参加派对但没空去（还跟人家说我有多忙）。我不会再做这些事。如果要休息，我就休息；如果要工作，就工作。如果无法参加派对，我就礼貌拒绝，再送些花过去。我不再让自己空转。

练田径还有越野赛跑的时候，我们称那些既没挑战性又休息不了的训练叫"不上不下的训练"。以比赛时的速度和休息时的速度交替锻炼，是让跑者的身体进步最快的方式。如果每天都用不快不慢的速度练习，跑者的身体就无法感受到培养更多肺活量和肌力的必要性，还有可能冒着受伤或累坏的风险，因为从来没有机会休息。

虽然在跑步的时候知道"不上不下"的概念，我却还是在工作和创意提案时犯了大忌。应该好好休息或全心冲刺的时候，反而东想西想，一直空转。

我必须来点不一样的。一旦发现自己在空转，就换件事情做。我全心全意做那些看起来完全没用的事情，像是去电影院看场以会说话的动物为主角的电影，或是做些杯子蛋糕——最简单的那种，用现成的预拌粉，一点都不难。等头脑清楚了，再回去工作。如果停止空转，真正休息，很快就能再上阵。而经过卡通和巧克力糖霜带来的真正放松后，也会变得更有效率。

　　人的一生就这么几年，一天就这几个小时，还有那么多的创意要发挥。如果想要运作得更有效率，就需要稍作休息。如果我们一直转个不停，那么这一生也不过就是阵无用的烟尘、噪声，还有烧焦的橡胶。对我来说，不想再多花一秒空转，因为过去浪费得够多了，想把握时间将自己的潜能充分发挥出来。我要付诸行动，不管是与生俱来或从经验中学会的任何才能、运气、力量和幽默，都要让它们产生动能，这样当我咽下最后一口气的时候，就不会残存任何能量。就算是手脚最快的救世主也没办法抓到什么东西塞回我胸膛。

★ 物理练习

下列哪一项不具有势能？煤、原油、圈状弹簧、荡到最低点的钟摆。

解答：荡到最低点的钟摆不具有势能，它拥有的是动能。它会在摆到最高点时停止（此时势能最大），然后落下来回复最大速度（此时动能最大）。因此，钟摆在最低点的时候充满动能，但就是没有势能。至于煤、原油和圈状弹簧全都具有势能。

★ 试着做做看！

偷偷潜入体育馆，爬上弹跳床，跳得越高越好，同时大声问以下问题：

A.什么时候动能最高？什么时候最低？

B. 什么时候由高度差而来的势能最高？什么时候最低？

C.什么时候弹性势能最高？什么时候最低？

D.你有什么有用的秘诀可以提供给体操选手吗？

解答：

A. 速度最快的时候动能最高。也就是刚要离开弹跳床往上跳，以及往下掉回来快要碰到弹跳床之前（就跟把球往上扔一样）。弹跳到最顶端和在最低点——也就是弹跳床往下沉、准备把你抛回空中时动能最低（那时的速度是 0）。

B. 弹跳到最顶端的时候，由高度差而来的势能最高。落到最底部的时候势能最低。

C. 弹跳床下沉到最低，且准备好要把你再度抛回空中的时候，由于弹跳床床面拉伸而得的弹性势能最高。只要你在空中，弹性势能就最低。弹跳床已经把你弹开了，等着你再落到它上头。

D. 嘿嘿，应该没有。不过每个人都喜欢听到"干得好！"这种话。当然，偷偷闯入体育馆顺便使用设备虽然不太正当，但帮选手加油并不犯法。

PART 5 〉〉〉

知道自己是哪一型
原子的吸引与键结

有几门课只有男校才开，后来我才明白那是个妙计，可以激励女孩们在高中时多选几堂科学和数学课（比最低修课标准规定的还多一点）。如果我们想上化学、微积分或物理课，就必须走到对街、进入"男人国"去选修。这让我和同学们全都想进一步研习数学与科学。做父母的听到我们说这几门课将有助于我们成为成功的医师、航天员或知名美发师时，全都大感惊讶。

第一天上化学课的时候，我们这群人穿着格子裙集体行动。出于本能，我们知道脚上那双及膝长袜可以让任何爱挑衅的家伙恢复温和，说不定连他整个高中生涯都能改头换面。

到了教室，我们聚在一起，占据靠窗的那几排。男孩们则是三三两两散坐在靠门的几排。然后，一位身穿衬衫和卡其裤的巨汉翩然走进教室，张开双臂说道："每次都这样！女生在这一边，男生在另一边！"

他站在一整排男生面前，发号施令："你们这排，全都起来，快快快。"接着他走到我旁边那排女生前方。"午安，各位女士，欢迎到我们学校。能不能麻烦移到这一排去？"

他指向刚才被清空的那一排，还有一堆搞不清楚状况的男生。他用这种方法让男生女生交错坐。

我们很无奈地互相看了看。一阵混乱中，有人的书本掉了，被迫换位置的女生设法鼓起最后的勇气整理仪容，唇蜜散发出棉花糖的香味。我们目瞪口呆地看着这位老师。这可怕的怪兽还有什么绝招？

他转身面对黑板，用粉笔写下自己的名字，但我们根本不知道要怎么念。然后他又转过身面对大家，说："你们可以叫我 G 先生。坐这一排的女士，你们的实验伙伴就是你左手边的那位男士。"他往右站了一步，重复相同程序，直到全班都两两配成一组。

"这样好多了。再过几个月就是舞会，如果男生女生都不讲话，怎么可能找得到舞伴？"

我旁边那个男孩真是逊到爆：不合身的制服裤子，头发乱到不行，全身都是汽油跟炸薯球的味道。难道我真的得跟这家伙一起参加舞会？

"接下来，跟实验伙伴做个自我介绍。"

"我是克里斯汀。"我对着炸薯球说，仔细研究他用蓝笔在网球鞋上画出的条纹。

"我叫史胖奇。"他回答，还露出夸大而古怪的微笑。真想跟他借出生证明来看，怎么会有父母给小孩取名叫史胖奇。但我还是伸出手和他握了一握，这是身为天主教徒的礼节。

一周一周过去，G 先生带领我们深入化学的殿堂，我对他有了更多认识。他用键结、耦合、氧化还有电子亲和力看待万事万物。他忍不住要把学生配成对，还鼓励我们要彼此联系。经过他的强迫配对，课堂的气氛的确变得比较自然。与此同时，G 先生也协助同学们破解周期表的密码：118 个画上不同颜色的小格子，里头有一或两个字母，左上角和右上角都有数字。这些格子一列有 18 栏，共排成 7 列，有些头顶少了几格，有些底下多出几格。

很显然，他的问题都可以在这里面找到答案。就像猜谜节目的主持人，他会问："有谁知道碳有几个质子？"

我们就会搜寻周期表，找到里头写着"C"的那一格，看看它上头的数字，好几人同时喊："6 个。"

"你们太棒了。真是吓坏我了。"他还会不带表情地这么说。

G 先生让我们信心大增，鼓起勇气了解元素周期表的基础知识。每个格子里的字母都代表一种化学元素、一种特别的原子。氢有一格、金有一格、氖有一格，每种已知的元素都有一格。很明显，碳用 C 表示，字母 C 上面有个数字 6，那就是它的质子数，而原子核内的中子数可能等于质子数（如果不是的话，这种原子会称为该元素的同位素，那就更有意思了。但目前我们只看质子数和中子数相同的原子）。

碳，有 6 个质子和 6 个中子一起挤在核心里，还有 6 个电子绕着它打转。我们可以把它想象成一个小型的太阳系（但是等到我高四上物理课时，知道电子会有一些非常特殊的行为，完全无法用"原子的太阳系模型"解释）。G 先生指指窗外的足球场，让我们对于原子的尺寸有点概念。"如果原子核跟弹珠一样大，电子就会在足球场那么大的范围里绕着原子核飞。"我想象那几颗电子穿着小小的钉鞋，在跑道里不停转啊转。

他张开双臂说："世界是原子组成的，而原子几乎空无一物。"

G 先生的意思好像在说，上帝发现世界"空虚混沌"后，并没做太多事情。我怀疑高二的旧约课老师是否知道这件事。真令人失望。说实在的，老天爷，我们对你的期待更高。

G 先生在黑板上用小小的正号和负号画给我们看，质子带正电、中子不带电，所以碳的原子核的电荷是正六价。正六价电荷引来六个电子，每个电子带有一个负电荷，绕着原子核打转。这时，每个原子都是个小巧而平衡的宇宙，原子核里有同等数量的质子和中子，绕着它打转的电子也完全平衡。

探讨周期表一个星期之后，G 先生说我们现在已经掌握了化学世界。

我们知道怎么找到每一种元素的质子数、中子数和电子数，而这些数字也规定了该元素的种种特性：熔点、凝固点、重量、硬度、密度、导电度，以及与其他元素结合的行为。"接下来要讨论的是键结。"G 先生这么说，"为什么元素之间会互相吸引？"

讲到"互相吸引"的时候，不知道是 G 先生故意放低声音，还是我自己耳朵产生的错觉，难道只有我想到原子还分男女？G 先生解释，原子非常希望最外层的电子能够排满。

哦，没错，它们的确希望如此（音效：接吻声）。

好吧，感谢老天，原子真的迫不及待地想结合在一块：两个氢原子和一个氧原子结合，就有了水；钠跟氯凑对，就有了盐；我们吃的蛋白质是由氨基酸构成的，也就是按顺序排列的许多氮、氢、碳以及氧原子。原子一个人待着也不错，不过我们更需要它们的键结，以合成各种分子还有化合物，供我们生长、呼吸，顺便帮一大碗爆米花调味。

原子的配对游戏

只要注意碳、氧、氢以及周期表第一列其他原子的欲望，就可以了解它们如何让最外层环绕的电子填满。这些最外层电子称为共价电子，而共价电子的数目决定了一个原子的需求。当时，我们所研究的大多数原子都有个神奇的数字8。最外层不满8个电子的原子，寂寞而不满足，它们想跟别的原子结合，因此会把彼此最外层的轨道混在一起，共享共价电子。

G 先生解释了电子如何在原子内排列，这时"最外层的轨道"才有了意义——它就像是原子的外皮。周期表上的原子数越大，就表示原子核内有越多质子和中子，也表示需要更多电子，才能保持电荷的平衡。每一种原子的电子排列都倾向于以下原则：前两个电子所占的轨道最靠近原子核。然后，下一层要用8个电子填满，再下一层一样需要8个电子，如此接续下去。

氩，原子序 18，在最靠近原子核的轨道里有两个电子。下一层，有 8 个电子。第三层，再加上 8 个。氩完成了"2-8-8"的电子配置，而且不需要更多电子，十分愉快满意。氯，是氩在周期表的左边邻居，原子序 17。这表示它的核心有 17 个质子，外头还有 17 个电子围绕着它。氯的电子从内到外的配置是"2-8-7"个。哦哦，外层轨道并没有填满 8 个。氯很想再得到一个电子。有谁外层是一个电子的？就是它，寂寞的、小小的氢原子——穿着夏天的洋装坐在门廊，梦想有电子把它带走。一旦氯开着超跑飞驰而过，氢就被电到了。

氢原子伸出纤纤玉腿，用它的电子轨道缠绕着氯原子，十分愿意拿最外层的一个电子和氯所拥有的七个共享。他们彼此都很满意，一生都守着八个共价电子的关系——这就是共价键：原子彼此共享电子，好让外层填满。周期表的每一栏（又称为"族"），各自具有相同的键结特性，这有助于我们当个现成红娘，帮它们找到理想的另一半。

周期表最左边，也就是第一栏的最上方，写着第一族。氢和它下方一整栏的好朋友，全都有着闪亮的外表，而且温柔可人（金属光泽和绝佳的柔软度）。它们的最外层轨道只有一个电子，不喜欢落单的个性，使得它们在键结时有点嗯哼，不挑。它们只希望有人爱，但它们的爱来得快去得也快。

周期表的第二栏，第二族，包含了长期受到忽视的碱土族。它们最外层轨道有两个可用的电子，和第一族一样乐于分享。第二族的原子很努力地想高攀比如氧原子，好让最外层的电子轨道填满。

从第三栏到第十二栏，每一栏的人丁都比较单薄，是所谓的过渡金属，但这称呼可骗不了人，是不是啊？我们只在乎第十一栏的金属——铜、银、金。它们是金属群中的明星：可延展够强韧，而且美丽又实用。它们被从土里挖出来，和其他没那么耀眼的原子分离，因为纯粹的时候最美。这些漂亮的家伙让其他金属相形失色；不过这也不能怪它们。因为它们不容易生锈，也难以伪造，虽然有一个或两个电子可以分享，但要看上门的是谁，以及如何提出邀约。它们令人着迷，即使邀请也不会正面响应，但正因为如此，才大受欢迎。

第十三到十五栏，队长分别是硼、碳和氮。它们可以形成很棒的共价键。它们知道怎么跟其他人交往、共创家庭、组织早午餐聚会。硼族拥有三个共价电子，碳帮有四个，氮小队则有五个。它们只需要再多几个电子就可以凑满八个。这几个团体里的原子一个个长袖善舞，它们是原子圈里的重要成员，和第一栏、第二栏那些来者不拒的家伙不同。

第十六和十七栏，队长是氧和氟，外层分别拥有六个和七个电子。它们很清楚自己常常跟不同的原子交往，这让它们对自己满怀信心，并且觉得是件顺理成章的事。他们乐于分享自己的电子，不过生性火暴（嗯，真的会爆炸），而且要求很多。

周期表最右边，你总算遇到一整栏不需要任何电子的原子——惰性气体。它们的最外层有满满 8 个电子，所以不想和别人结合，也只想独善其身。其他原子认为惰性气体很

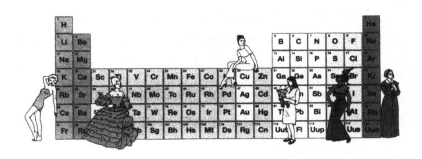

无趣，但是，谁在乎呢？氖、氩，还有周期表右侧的其他原子，就像是原子世界的狄更斯与特斯拉：聪明、多产、孤独。或许它们并不是最棒的舞者，但是用餐时不会慌慌张张，比锂或钙强得多。

磁吸力：原子的激情本色

等我们彻底弄懂共价键之后，G 先生接着讲解离子键。这个时候，"配对"才真正开始变得让人脸红心跳。离子键，原子并不像共价键结合那样彼此分享电子，反而是以一股饥渴的热情彼此相吸。一个原子失去电子，而另一个原子得到这些电子，于是它们带有相反的电荷——除了疯狂的磁吸力，没有其他原因能让它们粘在一起。

G 先生描述：周期表右边的氯原子外层有七个电子。但这回它并没有利用共价联姻和氢原子配对。它看中了钠。钠的外层轨道只有一个电子，于是它在周期表左边不耐烦地四下张望。对了，钠虽然喜欢跟外层只有一个电子的家伙玩，例如锂和氢，但它们帮不上忙。钠需要一位拥有七个电子的原子跟它分享，好凑满八个。趁着夜色，钠偷偷跨过周期表，不管碱金族说得多难听，执意投入氯原子怀抱，双手奉上自己唯一多出来的电子。

你以为氯会把自己的电子拿出来分享？才不呢，它紧紧抓着钠的那一个电子，填满自己的外层。少了外层电子，钠变成带正电，氯变成带负电，还因为氯的自私行为所造成的磁吸力而靠在一块。它们是注定要在一起的激情分子对，虽然彼此都不完全满足，却也难以分开。

与离子键和共价键那种共享电子的高尚行为一样，原子是不是彼此眼里都只有对方呢？事情才不是这样。接下来，G 先生告诉我们，有些原子并不只和一个原子配对。

想要让外层轨道有 8 个电子的执念，使这些原子做出足以让父母震惊不已的事。G 先生描述，硫的两手张开，对氢左搂右抱，大享齐人之福，而金属原子的键结可以一直连个没完，更过分的是一群碳原子竟弄出有乱伦嫌疑的苯环，这实在太下流了。

我们研究起限制级的原子私生活，G 先生的化学实验同样逐渐升温。一排男生，一排女生，桌子也一点一点靠拢。锥形瓶上方的两颗头靠得有够近，戴在头上的护目镜撞来撞去。G 先生的课火热得冒泡。

我的实验伙伴，史胖奇，他的外表对我一点吸引力也没有。我想跟高瘦、机智、伶俐的派崔克配对。他坐在史胖奇后面，一只脚伸到走道上，用专家级的技巧讲话，而且看来只有我听得见。

G 先生示范水沸腾时温度并不会升高的实验。在我把头靠向本生灯之际，派崔克低声说："要是老师再靠过去，两道浓眉就要着火啦。"

我的眼睛仍然直视前方，但派崔克知道我在听。"没关系，我已经有计划了。我会把他推倒，在火还没蔓延开之前，把他眉毛上的火揉掉。教室爆炸前你要负责瓦斯开关，我们就会成为英雄。"

要板着脸还真不容易，不过我面无表情转过头去看了派崔克一眼，这一眼就是千言万语：我来这儿是为了上化学课，请你别捣乱。还有，我想知道你的头发是不是棕色。

接下来几个星期，史胖奇往前几步和丹妮丝搭档，她和史胖奇一样，用蓝笔在鞋上画条纹，身上散发出营养午餐的味道。派崔克占了史胖奇的位子，等到要用滴定管把碱加进酸里的时候，我们已经成了实验伙伴。我们把石蕊试纸放到醋里看它变色，膝盖几乎碰在一块。

派崔克拿着橘色的试纸对照色轮，问："看起来比较像三号色还是二号色？"

"两样都是橘色嘛。"我回答，"我们要分出有什么差别吗？"

我真正的意思是：我想把你压在地上，揍你的脸，然后吻你。我偶尔会做些有你出现的乱七八糟的怪梦。

生活物理学：了解自己的原子本性

我以为派崔克会邀我去参加舞会，我左思右想，看不出他有任何理由不邀我当他的舞伴。

我在化学课见到他的时候，我正聚精会神地计算某个分子的分子量。我们在田径场遇到的时候，我正在思考当天比赛跑四百米时该怎么配速。当时我还不知道，不管有没有谁会邀你出去玩，不管你正在认真做什么事情，可能还是需要抬头笑一笑，最好是针对自己心仪的对象。要不然，这些家伙可能并不知道你对他们有意思。

我的行为举止就是典型的惰性气体。但是连我都没发现，那正是我的原子本性。周期表右侧那些惰性气体的最外层轨道的电子全都是满的，而且名字都像神秘的超级英雄（氦、氖、氩、氪、氙、氡），也不和其他原子交往。"热情如火"不会用来形容它们。它们认真而努力地工作，对于和其他元素结合没什么兴趣。因为最外层轨道的电子已经填满，这使得惰性气体看来像是心满意足的孤鹰。

我不是要自吹自擂，我不会以为自己像氙或氡那么稀有又昂贵，但怎么也觉得自己像是端庄的实验室级氩气。真希望我高中的时候就知道这些。我花了好多年才发现自己的原子本性，也许是因为花了太多精神在研究键结类型。许多电影、歌曲、音乐影片都在颂扬初吻、舞会、团队运动、真爱，以及其他能把最外层轨道的电子填满的各种活动，却很少有什么影片会拍星期六起个大早独自去跑步，或是整夜研究涡轮机效率这种主题。

如果你找到了自己的原子本性，却不怎么喜欢，也许会想：只要加或减一个质子，就可以跳到周期表的其他位置去。哦，要是那么容易就好了。最早期的化学家就是想这样发大财——把某种元素变成另一种，但这些创业家花了不少工夫才弄懂我们化学课所教的内容。

骗人的炼金术

早期的化学家发现，灰扑扑的铅和美美的金有很多共通点：它们都有延展性，也不容易被腐蚀。借由现代的周期表协助，我们可以知道为什么金和铅像是姐妹。它们在周期表上属于同一列。铅的原子核里有 82 个质子，金有 79 个。只要把铅的质子拿掉三个，就是金啰。简单！我们可以用铅做一个纯金的三层王冠！

很不幸，把铅炼成金就跟撑竿跳或阿根廷探戈一样，看起来容易，做起来可没那么简单。要把质子从原子核里拉出来或加进去需要极大的能量。的确，核分裂（把原子核分解成较小的几个原子核）会在某些状况下自然发生，可是除非是自然形成的，否则核分裂与刚好相反的核融合（就是把质子加进原子核），都无法靠着对原子构造的一般知识和手持喷灯在你家车库搞出来。如果你决定要改变原子里的质子数目，最好有点自知之明，因为你将涉入曼哈顿计划（二战期间有关研发与制造原子弹的重大军事工程）的领域。如果没办法弄到原子反应炉或跟原子弹同等级的东西，不管你多想改变原子核里的质子数，都不可能。

当早期的化学家发现可以用一种规律的方式把所有原子

都排在表格里时，一定非常兴奋。他们只要依据重量把元素排成八栏，就可以看出它们的性质和键结行为有种简单的规律。将来如果发现元素并不适合那位置，就必须调整周期表。一旦周期表出现空格，科学家就知道宇宙中还有某种元素存在，即使还没真正找到。周期表不会有空格。或许有种元素只能在实验室里出现那么一瞬间，但就是不会留下空白。周期表里的每一个元素都要有意义，这才能让宇宙拥有全部的建筑原料。

不管我们属于哪种原子本性都很好，因为每种键结都在世界上占有一席之地，不管是跟氖一样单独飘浮在大气当中，或是像下方的碳原子键结享受美好的生日派对与车库大甩卖。如今我已接受自己是惰性气体。在那之前，我试过各种方式，想成为狂野且无忧无虑的氢原子，结果我累坏了。我无法忍受浴室里的脏酒杯和内衣里的糖果。我不是那种人。如果明明身为氢，却想当个惰性气体，道理也是一样。一整天都在图书馆里看古地图，然后直接去体育馆游个几趟泳，会让他们无聊到爆。

如果你是忠诚、可和别人键结的溴，原子核里有 35 个质子，而周围的轨道有 35 个电子，可能会很想加入一个质子，变成特别而孤单的氪。不过，尝试进行任何变换之前，重要的是扪心自问：是否值得为这样的转换制造出蘑菇云和放射性落尘？换工作、增加三头肌的弧度，那都没问题。但改变你最核心的自我——怎么结合、过生活、谈恋爱？那可要复杂得多。

如果你发现自己对朋友说："不知道为什么，但我就是喜欢遥不可及的男人。""和我约会的那些女孩，最后都会趁我工作时把家具全都偷走。"说不定是因为你还没找到真正的键结本性。我知道精神科医生和家庭咨询师可能会说事情才没那么简单，不过弄清楚自己到底是谁、想怎么和别人结合，不是很好的开始吗？

　　和原子一样，我们的核心有某种独一无二的东西。把我们的核心分解，就等于进行核分裂或核融合——耗费能量、具爆炸性，而且很可能留下危险的残余。如果你是可靠的铁，想要成为精明的氢或奇特的镱，可能会把自己搞得灰头土脸。很痛，而且没用。如果是铁，就做个钢铁人吧；如果是碳，就顺着天性吧。世上每一种键结都有它的容身之处，就像周期表上每一种元素都刚好有自己的一格。总有某人和你绝配——你当然也有可能是惰性气体。不管是哪一种，你在宇宙里都占有独特位置。

★ 物理练习

一、你办了一场鸡尾酒会。客人是单独的原子，分别是氯、镁、碳、氧、钠、砷和氩。结果酒会走样，开始失去控制。氯（七个外层电子）在找多余电子的时候遇上镁（两个外层电子）。这对氯来说应该不成问题，可是等两人靠近时，九个电子却让彼此都觉得太过火热。它们热得冒汗，在屋里东看西看，想找个办法丢掉多的电子。

碳（四个外层电子）和氧（六个外层电子）一开始还算不错。它们吃着芹菜棒、干酪块，聊着要去哪儿找生日表演的小丑，还有它们都感谢电子式的新生儿礼物单。碳和氧觉得彼此门当户对，因为它们并不是那种电子很少的可怜人。然而，等距离更近、形成一氧化碳后，就有了十个外层电子，电荷就超过了。

钠（一个外层电子）在角落醉倒，而砷（五个外层电子）又帮它倒了一杯，还问它能不能找两个朋友来帮忙。氩（外层的电子填满了）在厨房洗碗盘，冷眼旁观这一切，觉得这几个原子在派对里的行为真令人难过。

酷！神秘的氪带着另一个碳从外面进来了。你要怎么做才能把派对拉回正轨？

解答：跟氧说你需要它来厨房帮忙开香槟。再问问镁是否愿意尝尝你做的辣椒酱，看看够不够辣。当镁和氧在厨房彼此熟悉的时候，把落单的氯交给钠，别忘了要后面来的氪盯好砷。氯的七个外层电子和钠的一个自由电子，会让这两人很快陷入热情的拥抱。砷会生气，因为它以为自己和钠已经培养出感情了，不过在氪的监视之下，砷还不至于摔破你的酒杯。

两个碳不需要多做介绍。它们很快就会手牵手拟订计划、创立慈善事业、为不幸的儿童提供社群媒体咨询。在砷还想喝更多酒好借酒装疯之前，请氩开车送它回家。反正氩会找个理由先回去。

现在你有氪可以帮忙维持秩序，家里一团和谐。对了，大家都离开后，可别勾引氪，它对这没兴趣。

二、你属于哪一族元素？依据这个回答，你应该和哪种人交往或是结婚？

解答：如果你是惰性气体，就只能和其他惰性气体交往，因为你对一般的约会对象来说，既无趣又无情。如果你和碳或氧在同一栏，试着找和你同一栏的，门当户对，不要受诱惑和猴急的左边邻居交往。

如果你在周期表左边，只有少数共价电子，急着找个伴，那就随遇而安吧。别去找氧那种类型的人。先确定对方会对你好，并且了解你带来的少数几个共价电子是两人的无价之宝。不要跟同样在周期表左边的那些家伙结合，因为电子还是不够多，就会再去找其他更能让人满足的家伙，这对你们的关系不好，对吧？

PART 6 >>>

有舍才有得

理想气体定律

理想气体定律是条小小的方程式，描述大多数情况下大多数气体的体积、压力和温度之间的关系。这句话活像是律师说出来的，提醒我们：这条定律并不是任何时间、任何地点都适用，但如果用在我们的日常生活中，那么这项定律就是货真价实的宝贝了。而且，理想气体定律是个伟大的模型，它让我们看到在封闭系统中，不同的变项是如何相互影响的。还可以把这条定律稍做修改，得到完美任务定律——在压力下仍能有好表现的指引法则。

如果你对数学很内行，大概可以想到理想气体定律表示为 $PV = nRT$，其中 P 是压力，V 是体积，n 是气体的分子数量或摩尔数，R 是一个想象出来的常数（为了让其他数字都配合得恰如其分），而 T 是温度。如果你的数学不怎么样，可以把理想气体定律简单想成有史以来最显而易见的科学定律的强力候选人。

理想气体定律以及它的超简化版本查理定律和波义耳定律，这几个方法全都用来计算并定量你早就直觉了解的事情。举例来说，如果我们把气球里的空气放出，气球就会变小——只要我们没有要什么心机，例如改变温度或改变气球外的气压。早在大家都还是幼儿园小鬼头的时候，我们应该都会注意到气球放气就会缩小。这并不是什么最新消息。

虽然没什么新奇的，但理想气体定律确实能让我们更详细地检视和气体有关的一切现象，让我们进入气体分子的秘密生活。这里的"分子"除了指 CO_2——二氧化碳之类的分子气体，也指单纯古老的原子气体，例如氦。在理想气体世界里，可以把它们当成同样的东西。气体分子们并不会乖乖地待在同一个位置。如果气体分子够大，就可以看到它们到处乱跳，一直动个不停。它们拥有的能量越多，动得越快；动得越快，温度也就上升得越高。只有在绝对零度（零下273摄氏度）的状态里，分子才会几乎完全静止，否则这些分子几乎都是疯狂的舞棍。

为了示范分子层次的气体活动，G 先生在讲桌上放了两个有水的烧杯：一个装冰水，一个装滚水。他拿出一颗金属球，看起来就像古老的圣诞装饰品，还用一根细管子把它和一个小小的阀门与压力计连在一起。他把小球浸入冰水里，压力计的读数并没有动静。"了不起。"可爱的派崔克站在我身后小声说。现在看来并不怎么值得记在心里。

但是当 G 先生把球放进滚水的时候，球内的压力蹿升。他解释说，金属球里的分子因为被加热而动得更剧烈了。移动的分子彼此撞击，并且推挤金属球的壁面。众多分子撞来撞去，就成为可以测到的压力。

G 先生打开阀门，放出一点热气，让里面的压力和教室中的大气压力平衡，然后又把阀门关上。G 先生再次将金属球放入冰水中，这时薄薄的金属球发皱凹陷，就像牛仔脚下的空啤酒罐。依照 G 先生对这个现象的解释，我想象金属球里有好多跳个不停的分子。

球内分子（温度和室温相同）原本按着正规小步舞曲的步调跳舞，就像听莫扎特的作品一样。它们彬彬有礼地面带微笑，只让分子们的小手相碰。金属球浸入热水的时候，能量增加（温度上升所带来的），分子乐团开始演奏一些早期摇滚乐，男生扯开硬邦邦的外套，女生把盘起的头发放下，大家开始摇摆起舞，跟小步舞曲比起来更容易撞到别人。爱表现的分子甚至会把舞伴抛到半空中、从胯下甩过去，大家撞来撞去的，不时还会撞上壁面，这些都会让金属球内的压力升高。

随着温度持续上升，乐团奏起更狂野的节奏，分子们开始疯狂地手舞足蹈，脱掉毛衣用力甩开，把挂在小小身躯上的 T 恤撕烂，还四处喷漆涂鸦。它们变成庞克族，在嘴唇上打洞穿环，到处敲敲打打。如果分子们空有一堆能量却无处发泄的话，就会发生这种事。

只要把分子们关在一起加热，内部的压力就会增加。那些空气分子跳来跳去，撞上金属球壁。它们急着展现拿手的舞步，可是真糟糕，却一头撞上墙壁。它们需要表现的空间！ G 先生释放一些分子，让金属球里面没那么挤，让它回复加热前的压力，分子们就有空间可以伸伸手脚。它们又可以像之前那样热舞，而且不容易撞到墙壁，也就有更多自由空间可以舒展。

当金属球里面的空气又冷却下来的时候，能量降低，音乐变慢，分子们也变得克制。它们发现舞池空了一半。其他人都跑到哪儿去啦？分子们清清喉咙，寻找自己乱扔的衣服。它们再度跳起客气有礼的社交舞，低头看着自己的脚，避免眼神接触。它们不再需要这么多空间，而且现在人也比较少了，几乎不会撞到金属球内侧。球内的压力比外头的大气压力低，于是壁面往内凹陷。派对真的结束了。

多年后的某个大热天，我回到车上，发现有一罐乐啤露炸开了。因为看过 G 先生用金属球做过的示范，所以我知道这是为什么。乐啤露里的二氧化碳如果受热，就会对罐子内壁施加压力。到最后，压力大到必须有更多空间才行，但因为罐子无法像气球或自行车胎那样大幅膨胀，于是惊天动地地炸了开来，整个车厢都是黏黏的乐啤露。后来，我的车里就一直有种很好闻的怀旧冰激凌店甜味（即使那罐乐啤露在寒冬中冻得硬邦邦，还是一样会炸开。老实说，你怎样都斗不过这些罐装乐啤露的）。

哇！好多零啊

理想气体定律中，小写的 n 代表参与的气体原子或分子数量。不过呢，讲到原子数量，麻烦就来了，数字很快就大得令人不可思议。简单来说，你会点 6 打甜甜圈而不是 72 个甜甜圈（哇，甜甜圈可别吃这么多）。我们利用"摩尔数"来描述原子的数量。一打是 12 个，一摩尔是 6.022×10^{23}。这是个庞大的数字,不过它只是一个数字,没有像是千克或升之类的单位,就只有 6.022×10^{23}。就像麦当娜、碧昂丝或是伏尔泰等人名,不需要再加别的称呼。

会选用这个特别的数字,是因为 1 克碳就含有这么多个原子,就是最常见的那种碳,有 6 个质子和 6 个中子。我们是怎么算出这数字的没那么重要,但谈论一大堆原子的时候,用摩尔数来表示比较方便。举例来说,如果你测出一瓶纯氧的压力,也知道它的体积和压力,就可以很简单地说那瓶子里头有 3 摩尔氧原子,用不着写出瓶里的氧原子数有 1806600000000000000000000 个。

大约一百五十年前,意大利物理学家阿伏伽德罗过完孜孜不倦的一生,大家就把这个极大的数字称为阿伏伽德罗常数,纪念他对气体质量与体积之间相关特性的研究成果。

他是个很严格的人,不过我觉得如果他知道现在的学生要背这个数字,还会把他的名字"Avogadro"拼错,一定很想笑〔发音跟英文的"酪梨"(avocado)简直一模一样。如果你一听到阿伏伽德罗常数就想到酪梨酱,那绝对不是你的错〕。

在沙漠中求援

如果你在沙漠进行考古挖掘,结果无线电坏了,一定会为自己懂得气体的压力、体积和温度之间的关系而感到高兴。太阳下山,气温降低,来帮忙的大学生们开始惊慌失措，但是你早就拟好应变方案，可以把你的所在位置传送给基地。你有火柴，问题是附近找不到可以烧的木头。在温度降得比掘井工人的屁屁还低之前（就是很冷很冷的意思），你并没有多少时间可用。

你神色自若地指挥这批来帮忙的学生，每人发一个用来放工具的塑料袋。这是计划的第一步，而且还能让大伙有点事做，别再一边啜泣一边听外头成群的郊狼嚎叫。接着你要他们把原本拿来筛沙子的金属网拆掉，协助大家做出比巴掌再大一点的钢圈。做好后，再在钢圈上交错加几根铁丝，就像自行车车轮一样。这时，你把自己的 T 恤撕成小条（位置要挑好，别撕到衣不蔽体），再用火柴熔化蜂蜡护唇膏，滴在布条上。

现在天色已经全黑。就像《苍蝇王》所描述的，学生们开始恶语相向。你请其中两人抓着塑料袋和金属线做成的巧妙器具，要他们倒提着口袋宽松的两角，让铁环垂在底下。这时，你用铁丝把 T 恤和护唇膏做成的蜡烛缠在铁圈中央，将它点燃。等袋里的空气变热，变得比周遭的冷空气轻，就要学生们放手。可爱而明亮的热气球就这么升空啦！你和学生们每隔五分钟释放一座美好的小天灯，告诉外界你所在的位置，直到你听见基地吉普车的隆隆声。

你是因为理想气体定律的知识而获救！$PV = nRT$！温度上升的时候，受热的气体分子在塑料袋里活蹦乱跳，几乎待不住。也因为里头的空气分子数少于周围的空气，才会比周围空气轻，也才能往上飘。

生活物理学：有舍才有得

高中时代，我不只在 G 先生的课学到所谓的压力，其他的老师也都很乐意教我如何处理压力。学校每天有一大堆作业，每一门课都要写报告，就连化学课也是。好在，我在肌肉堆积乳酸的同时看出散文体的可能性，并且设法靠着无氧运动想出一篇五页的大作。当时，我认为老师都不知道其他老师指派的作业有多少，而他们不是健忘就是残忍。不过现在我能理解他们的策略了。由于超过负荷，我学会如何面对截稿期限，应付压力。

理想气体定律点醒我，如果有什么必须维持固定不变，那就要让别的东西能够变动。找出有弹性的变项，针对它想办法。假设你置身于郝思嘉的处境，必须在一小时内用窗帘布做出一套衣服，还没人帮忙，那就别弄得太花哨，无袖及地长洋装就好了，连裙边也不用缝。但万一你和灰姑娘一样，有一大批老鼠裁缝师帮忙做舞衣，不妨来个低胸束腰蓬裙外加公主袖。当你身处压力之下，要能马上判断可以运用的资源，以及实际上能做到什么地步，可别慌慌张张穿着内衣就去应门。

一、理想气体定律指出，压力和体积与气体分子的数量及温度成正比。*PV* 和 *nRT* 成正比。请问：下列各种情况中的压力有何变化？

A. 没有增加更多气体分子，而且温度不变，但气体占的空间增加。

B. 体积和温度维持相同，但气体分子数目增加。

C. 同样数目分子的氦气代换氧气，同时体积和温度不变。

D. 体积与温度稳定、数量也固定的氮原子，接受另一个体积大小相同的氧原子邀请，参加酒后高速公路直线竞速赛。氮原子因为危险而拒绝了，氧原子笑它们是胆小鬼，说午餐时再也不要和它们坐在一起。

解答：

A. 压力减少。

B. 压力增加。

C. 压力仍然一模一样——所有气体都以同样的方式遵守理想气体定律。

D. 同侪压力增加。

二、戴上你泛黄的意式鸭舌帽，向阿伏伽德罗致敬！

A. 一摩尔氩有多少个氩原子？

B. 一摩尔蒸汽有多少个水分子？

C. 一摩尔松鼠有多少只松鼠？

解答：

A. 一摩尔氩有 6.022×10^{23} 个氩原子。

B. 一摩尔蒸汽有 6.022×10^{23} 个水分子。

C. 一摩尔松鼠有 6.022×10^{23} 只松鼠。数量实在太多了，我们的坚果一定会被啃光。

★ 试着做做看！

拿一个玻璃花瓶，开口刚好比白煮蛋再小一点。点燃一小张纸丢入瓶内，接着把一颗剥了壳的白煮蛋放在瓶口。当火焰熄灭，那颗蛋就会被吸进瓶里。

A. 为什么会这样？

B. 瓶内有颗白煮蛋困在里头，你该怎么办？

解答：

A. 回头看看我们的好朋友——理想气体定律，你可以看到，如果气体分子数目保持不变，且体积相同，压力和温度就会成正比。温度上升，压力就必须上升；温度下降，压力就会下降。

如果把白煮蛋放在瓶口（这时瓶内的空气是热的），等火焰熄灭，里面的温度降低。还有什么会降？没错，压力。这颗可怜的蛋就会卡在瓶子与瓶外之间。一定要有一边退让，结果就是白煮蛋先生。

B. 哎呀，真是抱歉。但愿那不是你最喜欢的花瓶。你还是有办法把蛋拿出来的。把花瓶直立放好，插入一根吸管，接着把花瓶倒过来，让蛋滑到开口处，并把空气吹入瓶子里。当瓶内气压比瓶外的气压更大时，白煮蛋就会蹦出来。跟它掉进去的道理一样。那可怜的白煮蛋今天真是够折腾的了。

PART 7 >>>

大家的加速度都是一样的

重力无所不在

　　第一天上路西铎老师的物理课，他要我们叫他"教练"。他很认真地解释说自己并不是要来教大家物理课然后评量有没有学好，而是要带领我们成为物理学的巨星。接下来，他要我们分组，拿着秒表和皮尺测量重力加速度。

　　教练告诉大家，要用不同大小、不同质量的物体做实验。我们把鞋子和铅笔的重量记录下来，乖乖地一个接一个让它们从走廊掉到下面的庭院。秒表准备妥当后，高喊"就位"，然后等到确定没人经过，再喊"没人了"。测量物体掉落的距离和时间，就能算出它的加速度。

　　我们知道，物体掉落的初速度为 0。教练要我们算出一个重物在离手后，每秒会增加多少速度，比较轻的东西又是如何。等我们把答案全都算好，才发现这问题是个陷阱。每样物品加速的速率都一样，不管它的质量有多少，答案只有一个数：9.8。意思是一件物品往地面掉落时，每秒会增加多少速度（米 / 秒）。

　　我们抗议："羽毛和猫掉下来要比石头慢得多。"教练的回答则是："那是空气阻力造成的结果。"猫掉下来的时候会把四肢伸展开来，像滑翔翼一样，让速度慢下来。要是没有空气的话，猫再怎么伸展，也不过和狗一样。没错——像只狗。那真是对猫的严重侮辱。

路西铎教练解释，伽利略让不同大小的铁球从比萨塔掉落，证明了重力（你也可以叫它"引力"）是公平的。我们拿鞋子和铅笔从高处落地，就能得到和伽利略一样的发现。加速度都是一样的。

除了公平，重力的头脑也很单纯，它不在乎其他特殊状况。如果你手拿一颗子弹让它往下坠，它会跟你用左轮枪在距地面相同高度射出的子弹同时落地。你射出的子弹一直往前飞，在落地之前水平走了一大段距离，但仍然会和从你手中掉落的子弹以相同的速率坠地。

伽利略是所谓的物理学教父，而第一位真正的物理学巨星是牛顿。说他是位巨星，因为他除了发明微积分，并为运动定律和重力下定义，还符合其他条件。他留了一头长发，脾气相当暴躁，而且很好强，极富创意。另外，听说他每回演讲都要吃特定品牌的杏桃口味茶点和苹果酒——但这项传闻并没有得到证实，我也没实际见过牛顿演讲的预约单。

就和每位传奇人物一样，巨星牛顿有好多小故事到处流传，对错无从证实。你可能听过一个，就是他坐在苹果树下发生的事。有颗苹果掉了下来，打在他的头上，他开始思索那苹果究竟是怎么一回事：有什么力量作用在苹果上吗？宇宙中的每个地方都有相同的力在发挥作用吗？

不管牛顿和苹果究竟出了什么事，但我们知道，在正常人早就把掉下来的苹果拿去做苹果派的时候，牛顿却一再深

入思索这个神奇的力量是怎么回事。他想出了重力的一般公式：宇宙中每个物体都会彼此吸引。这真是从掉落的苹果跨出了一大步。每个物体都在拉其他物体？地球的质量在拉苹果，但苹果的质量也在拉地球吗？没错，牛顿就是这么说的。不过，既然各物体所展现的拉力和它的尺寸成正比，地球就不太会受苹果那点质量影响。但另一方面，苹果却被用力地拉向地球。

那么，如果相同质量的两个物体彼此相吸会怎么样？拥挤的房间里，你的质量对其他每个人都有作用，但为什么你们不会撞成一堆？这么说好了，由于物体都会互相吸引，而附近最大的物体要算是地球，因此地球吸住你的力量要比人与人之间相吸的力量大得多。

跟我们很小的身体或是小到不行的苹果比起来，地球的质量实在是大到不像话。正因如此，能发生效用的似乎就只有朝向地球的拉力。

摇滚巨星善用重力

重力坚持对于所有质量一视同仁。下回你上台演唱时，如果想做个耍帅丢麦克风的动作，或是想从舞台往下跳进观众席的话，它可以助你一臂之力。

首先你要确定已经熟悉以下动作：双手往身体两侧打开时，可以很快地把无线麦克风从这只手抛到另一只手。你可以在家里客厅先练习练习。

这动作很帅，而且相当容易，只要你能维持直视前方，只靠眼角余光看到左右手，然后使劲一甩，让麦克风从前方飞越。

接下来，从舞台直直跳起，然后落地。如果你还是在客厅里练习，那就从沙发上起跳。直直往下跳的同时，继续把麦克风放在两手之间来回抛，就跟你静止站在舞台上不动的时候一样。你身体的质量虽然和麦克风不同，但它们落下的速度却是一模一样的。

你把麦克风从身体这边水平抛往另一边的时候，重力会在垂直方向施加它一贯的拉力，丝毫不去管水平方向发生了什么事情。像这样做事真是心无旁骛。所以说，假设你有办法在一次跳跃中把麦克风来回抛好几趟，只要两脚一样跳起，

一样落地，绝对都能稳稳接住麦克风，而且看起来真的是酷毙了。整个程序就像这样：唱，跳，抛，抛，落地，合音，从前排回到台上，唱，合音，大结尾。重力和前排观众都会帮你的忙。

狙击手的科学

有经验的长距离射手十分熟悉重力的影响。他们知道，当子弹咻地飞往目标时，弹道会渐渐往下掉。如果是近距离射击，子弹落下的时间有限，重力的作用也就能略而不计（别讲太大声，重力不喜欢被忽略）。但如果目标很远，重力就有时间对子弹施展加速度，并且累积成实际的垂直距离。

如果你正准备营救被某个小岛暴君抓去的人质，了解重力的这项特性会对你们很有帮助。举例来说，你和队员一直在监视囚禁人质的那幢小屋。人质用化妆镜对你发送莫尔斯电码。他们表示：过得还算不错，只是每天见到荒唐暴君夸张的发型却要忍住不笑比较难。你们相距 110 米，你已经准备好要救出人质，却不太确定怎么做。夜幕低垂，人质发出"熄灯"的信号，你知道他们需要把外头的灯弄熄，黑漆漆的才好逃命。你无法靠近电源，所以必须把建筑物前方的探照灯打灭。

就你所知，距离是 110 米，而你发射的子弹会以每秒914 米的速度飞出去，很快地把单位转换一下，算出子弹的飞行时间大概是 0.12 秒。在这 0.12 秒当中，重力会把子弹往下拉 7.06 厘米。于是你瞄准探照灯上方七八厘米的位置，把灯打坏，人质们拼命从里头逃出来。

由于暴君坚持守卫跑的时候头不能乱动，而且脖子要挺直，因此人质们很轻易就能跑得比卫兵还快，逃到安全地带（当然，你也可以直接射卫兵，不过那不好玩，那些卫兵被迫像鸵鸟一样跑步已经算是惩罚了）。

力场的影响：无处可躲

考虑重力影响的时候，可以用重力场来想象，不过这并不是什么真正的场地，比较像是影响范围。譬如说地球表面，很明显是一个受地球质量所造成重力场影响很深的地方。地球的重力作用会往太空延伸出去——太阳、木星还有所有其他行星都一样。离那些拉着我们的大东西越远，重力就会越弱，因此我们站在地表的时候，木星的重力作用就可以忽略不计。在地球表面受地球重力场的影响最大，当我们跳舞或踩着高跟鞋走路时，也只需要考虑地球的重力。

当某个男人带着浓浓的古龙水味走进房间时，我就会想起"场"和"作用力"。越是靠近那个男人（古龙水香味的来源），越能闻出混合了佛手柑与杜松的香气。如果你走到离他较远的位置，但仍然待在古龙水的场中，就只能嗅出一点高调的橙香。如果所有人都离开那房间，只剩那男人独自一人调整着袖扣，请问古龙水的场还在不在？就和重力场一样，答案是还在。场一直都在，只不过没人体验到它的作用。

生活物理学：人人都受重力作用

每次上物理课，路西铎教练都会选一位同学，要他把上次作业的答案告诉大家。被挑中的同学可以从教室四面都有的黑板中选一块，用公式、箭头和火柴人图画写出答案。如果被点到的同学不知道答案，班上其他人可以出声，告诉他数字和公式。教练只有在全班都卡住的时候才会帮我们解决问题。

每天我都看着同学站在黑板前：卡罗琳矫正过的牙齿整整齐齐，莱恩全家去夏威夷度假回来晒得黑亮，吉儿的香奈儿包包上挂着捷豹跑车钥匙。他们努力弄懂行星的轨道运行、花式滑冰，或是加速前进的竞速雪橇，但有时候我会比他们更早知道答案。我有种感觉，哪怕这些人在人生的道路上占了先机，但重力还是会拉着他们往下走。也许我们拥有不同的家庭背景，却还是要接受同样的宇宙定律。在黑板上或生活中弄懂这些定律，对任何人来说都不是简单的事。

在黑板上计算的时候，不管是谁，只要用到重力，都是同样的数字：9.8 米 / 秒^2。这世上还有重力，以同样的加速度拉着万事万物，毫不妥协。它就像学生餐厅里的安妮修女一样——不能插队，也没有免费的冰激凌。

回到高一，上新约课的时候，艾莲诺修女就说过："我们都以为自己受的苦最深。"她看着教室里的每一个人，同学们平板的表情里连一丝怀疑都没有。不管艾莲诺修女或圣保罗说过什么，我很确定自己承受的要比其他同学更多。如果是孤儿院或贫困的乡下出身，这我当然比不过，但在这教室绝对无人能及。然而，到了四年级，我已经知道同学们过的日子未必比我轻松。一位同学的弟弟得了白血病过世，另一个同学的爸妈在她高二时离婚，还有一位同学家里宣告破产。我曾去过那幢豪宅，大厅放了一架平台钢琴，一进门就有水晶吊灯，却因为没钱付账单而被自来水公司断水。我们在她家后院给妹妹用的婴儿泳池里洗手，她头低低的，不敢看我，来年她就转学了。

学校里有好几位女孩瘦得不行，结果开始掉发，脸颊凹陷到恐怖的程度。她们午餐时只喝健怡可乐，骨瘦如柴的手指握着铅笔，既想追求完美身材，又要追求好成绩。

我开始构想一条相当冗长的等式，希望人的一生加加减减后还可以平衡。等式的左边是我还没出生，生父就在越南为国捐躯；右边是他的抚恤金成为女儿（也就是我）上大学的费用。再回等式左边，我妈神秘的癫痫发作连医生都束手无策；另一边，她对我完全信任，让我好几次假冒她的签名请假——这都是因为我能照顾自己才赢来的。这条冗长的等式一边是好，一边是坏，人的一生一定会平衡过来。如果没有平衡，至少我知道好的或不好的我都遇过。

就算是最幸运的人也逃不过重力作用。当然，富二代可能有既美貌又具权势的父母，可是你不也活得好好的吗？也许他出生时含着金汤匙，而你只能唱《金包银》，但是我们呱呱坠地时的加速度都是一样的。

★ 物理练习

一、假设你把 0.9 千克的水球丢出窗外，1.5 秒后才落地，请问爆开时的速度是多少？如果是 6.4 千克的水球又如何？加分题：你丢水球的窗户高度是多少？

解答：0.9 千克的加速度是 9.8 米 / 秒²。也就是说，在空中每待 1 秒，速度就增加 9.8 米。水球飞行 1.5 秒的过程当中，会加速到 1.5×9.8 ＝ 14.7 米 / 秒。6.4 千克的水球会以一模一样的方式加速，当它落地爆开时的速度也一样是 14.7 米 / 秒。

加分题答案：水球的速度从 0 加速到 14.7 米 / 秒，把 14.7 米 / 秒除以 2 就可以算出平均速度。把大约 7.4 米 / 秒的平均速度乘上飞行时间 1.5 秒，就可以算出窗户高度约 11 米，这是最佳的丢水球高度。

二、伽利略赞同哥白尼所说"地球绕着太阳转"的说法，而与天主教会的"天动说"有所冲突。由于教会认为我们所处的这个地球是神所创造、伟大且荣耀宇宙的中心，因此"地动说"实为大逆不道〔1992 年，教宗若望·保禄（也称约翰·保罗）

二世说伽利略"遭错误定罪",用我的话来说就是:嗯,对,我们搞错了,糟糕〕。

已知太阳的尺寸(巨大)、地球的尺寸(没那么巨大),以及无所不在的重力,那么,为什么会是地球绕太阳转,而不是反过来?

解答:太阳系中所有行星都绕着太阳系的质量中心打转。由于太阳是我们这个太阳系里最大的天体,也就表示它很靠近这质量中心,行星才会这样转圈圈。所有物体都会彼此施加引力互拉,但这场拔河比赛最后是质量大的获胜,质量较小的动得多,质量大的动得少。

行星也是一样。它们对太阳质量的反应很明显,而太阳对行星质量的反应微乎其微。谈到引力的时候,吨位决定一切,大块头获胜。

★ 试着做做看!

叫一个朋友骑着摩托车直接冲出码头。确定驾驶并没有往上或往下倾斜,而是水平向前冲。当摩托车离开码头的同时,拿一颗小石子往外丢。哪个会先落水?

解答：它们会同时撞击水面，以及，报警求救！你怎么可以叫朋友做这种事？你怎么没想到运用这种说服他人的能力做些有意义的事情，像是鼓励别人去献血？或者，下次你只需要拿一大一小两颗石头从码头往外丢，就能看着它们同时落水。

PART 8 〉〉〉

用工程方法规划人生

力与力图分析

"第一步该怎么做？"路西铎教练问全班同学。他指着画在黑板上的一个题目，要我们算算，举起一部塞满小丑的电梯需要多少力。我们就像是训练有素的物理学部队，齐声回答："画力图！"

在那之前，我们已经学会：如果想解决问题，就得把问题讲清楚；如果搞不清楚状况，就绝对无法得出解决之道。学会怎么和工程师一样分析"力"，是最基本的步骤。

力图就是个好的开始。画力图并不难，只要画出在一个物体上或拉或推的各方向分力，并标示强度有多大。运用这张图，我们就能了解作用在一个物体上的各个力量，并逐一区分。

刚刚说到挤满小丑的电梯，关于那个例子，可以画张图如下：挤满的电梯上下各有个箭头表示往上拉的力还有往下拉的力，整个问题就是这样。教练喜欢丢给我们一堆用不着的信息，让我们练习从不相干的杂物当中看出哪些是重要的，而哪些又是不重要的。有三个戴红帽的马戏班小丑，还有七位满面风霜的小丑。除了两个人，其他全都是摩羯座。总重量是 908 千克。

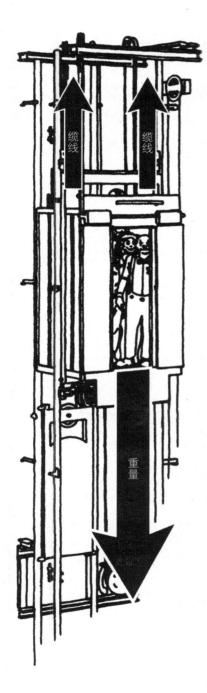

缆线

缆线

重量

画向下拉力时，我们可以大方地把他们的专业丢在一旁，哦，服装和星座等细节也一样，只需要知道他们的总重量。

传统上，在设计系统的第一阶段，工程师要把力图画在餐巾纸上。即使手边有很好的绘图纸可用，他们还是喜欢把东西画在餐巾纸上，这让他们觉得自己像是不世出的天才，还能和伟大的传统连上线：伽利略被软禁在家的时候，偷偷把行星绕日运行的图画在墙壁上；达·芬奇第一张直升机设计图画在佛罗伦萨一张沾了酒渍的羊皮纸上；居里夫人把实验结果草草写在带有辐射的笔记本里。

第一张力图不用画得多美或多复杂。在这个阶段，只需要画几个火柴小人，再用箭号表示推力或拉力就很棒了。我们可以用这些箭头表示推拉一个物体的力量方向和强度。箭号越长，力的强度就越大，而箭头方向显示力的方向。简单！

势均力敌，才能停留在原地

静力问题最简单的形式，就是各方向的力都相等，使得物体静止不动。结构工程师是设计梁柱的专家，他让所有的力量彼此相对并抵消。举例来说，施加在桥或建筑物上所有的力，应该能使桥或建筑物维持在原地。

练习画力图吧，显示让某个东西保持不动的力。画一个图形代表自己，火柴小人就可以了，不过加件流行的衣服可以加不少分。图中的你站着不动（姿势优雅），并不想上哪儿去。那么，有哪些力作用在你身上？帮所有的力都画个箭号：一个向下的箭号代表你的重量（由重力而来），每只脚底还有一个向上的箭号表示地板往回推的力量。箭头方向应该相反，而且会互相抵消。有道理，对吧？地板只会施加等于你体重的力，它不会过度热心往回推，结果把你抛入空中。

现在，在你旁边画个跟你一样有型的朋友，而且要把他画得像是靠在你身上。你们两人都没有移动。所以，朋友靠在你身上的力就是朝着你的一个箭头，而你靠着他的力则是刚好反方向的箭头，箭头的长度完全一样。箭头的方向和强度会彼此抵消——你们都没有动，也已经准备好随时来一张美美的照片。

力与加速度：好事要成双

为了理解力与运动，我们再回过头来看我们的摇滚巨星，那位在后台晃来晃去、用苹果酒配着杏桃小饼干的牛顿先生。他提出的第一定律是：如果作用在一个物体上的所有力量都相同，那么该物体的速度（快慢和方向）就是常数。这表示它既没有加速，也没有减速。所以，在你和朋友靠在一起的例子中，你们的速度是一个常数，也就是每小时 0 千米。是啦，那绝对是个不变的速度。所有力量都平衡了。

还有另一个例子，所有力量都平衡，而加速度是 0。你以时速 65 千米的固定速度开着车前进。那就表示，让车子慢下来的力（轮胎摩擦、空气阻力、轮子压过的安全锥）等于设法要增加速度的力（引擎）。如果没有摩擦力，没有风的阻力，路上也没有配置安全锥，汽车引擎不需要出那么多力，就能继续保持 65 千米的时速，直线前进。

当力图中的所有力并未彼此相等，物体就会加速或减速。要是你从山坡上滑下，重力会让你加速，除非有足够的摩擦力或撞上一棵树。摩擦力会让你逐渐变慢，表示为一个指向后方的小箭头；一棵树则会让你突然减速，表示为一个大箭头，指着你张大尖叫的嘴。

忙着帮作用力编号的同时，回头看看牛顿的定义。力有两项要素：质量和加速度（别忘了，如果那团质量正在减速，那么加速度就是负值）。所以公式就成了：$F = ma$。

如果知道质量和力，就可以算出某物体会如何加速或减速。如果你知道质量和加速度，就能得到力。懂了吧？

生活物理学：你专属的力图

对力和力图越是了解，越容易想象出施加在你和你的人生上的力。

飞机有四个主要的力，必须时时达到平衡，才能成功飞上天：重力、升力、阻力以及推力。这些箭头分别往下、往上、往后、往前。飞机要有升力才能飞，有重力才能落地，有推力才能往前、有阻力才能慢下来并维持稳定。

全都画成向量和力图后，我发现自己无论看什么，都会看到力图。不仅是按字面上所说的，有关飞机或跑车的重力、升力、阻力和推力，还有虚拟的各种重力、升力、阻力和推力，也就是我们所抱持的恐惧、信心、求生存的日常琐事与抱负。这些力量会让我们向上提升或往下沉沦，也拉着我们后退或推着我们向前。

你可以针对某个特定目标，在餐巾纸上把所有的力都画出来，好好做个检视。接着，就像工程师设计飞机那样，你可以把箭号缩小或放大，并且在需要的位置施力。很显然，你可以去除恐惧和怀疑，让推力和升力变大，但我们需要些许健康的恐惧和适量的现实，才能保持稳定。如果飞行员不能睿智地考虑阻力，他的飞机就会在空中疯狂翻转，最后直直栽向地面。如果飞机没有重量，就会奔向无垠的太空。

同理，人生奋斗时也需要这四个箭号。少许自制与谨慎让我们不至于想跟可笑的伊卡洛斯一样，直直地向着太阳前进，然后狠狠地摔下；另一方面，如果恐惧和怀疑的向量太

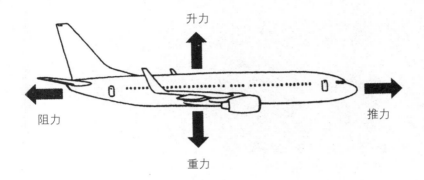

升力

阻力

推力

重力

大，会让我们只敢待在跑道，飞不出去。

　　举例来说，你想办一个属于自己的舞团，演出原创现代舞蹈，但还没拿到丰厚的经费或公司赞助。你需要平衡虚拟的四个作用力——往上、往下、往前、往后。指向前方的箭头就是你全身心投入的热情。想法更疯狂的人都能成功，你的点子为什么行不通？当然可以！乐观是你虚拟的升力；把你往下拉、让你保持警觉的重力则是那些小小的声音，告诉你不要把手头每一分钱都投资在舞蹈工作室；远见把你往前推让你采取行动：挑选舞者、编出新的舞蹈、安排练习、敲定演出时间；现实会拉住你，让你不会埋头拼命向前冲，却不管自己能不能承受。你需要付练习场地的租金，于是你想到实际的收入来源：儿童芭蕾班、熟龄迪斯科班，还有单身人士的钢管舞大赛。

　　去除不顾一切的冲动。只要画出力图，针对各个作用力加以改进就可以了。力图并不会让我们的行动失去热情或做不下去，反而让你能轻易看出，这么多箭头加加减减之后，才能往你要的那个方向前进。你面对的不是可怕、超自然的怪兽，不过是以工程方法规划的人生罢了。

★ 物理练习

一、用一张力图，比较光脚及穿高跟鞋的体重分布。

解答：光脚时，你的体重在力图上会是平均分布的——许多小箭头散布在整个脚掌，方向往上。穿高跟鞋时，鞋子前端（脚趾）和后端（尖细的脚跟）则各有一个向上的箭头。由于高跟鞋倾向于把你的重心往前移，因此脚趾的箭头会比鞋跟的箭头大，除非穿高跟鞋的人努力把重心往后移（或靠鞋跟着力）。

二、为你的人生目标画一张力图。重力、升力、阻力和推力分别是什么？哪几个箭头需要做调整？在餐巾纸上画出你自己的力图，这样才像是工程界的一分子。

解答：这问题只有你才知道该怎么回答。如果问我的话，我的目标可能是想再回复短跑的最快速度。我的升力（箭头向上）是吓人的强大渴望；我的重力（箭头向下）就是我的身体，上次跑出那种好成绩已经是二十几年前的事了；我的推力是有办法坚持训练计划；我的阻力则是同样要花时间的其他计划，还有必须回去做那些持续且讨厌的工作，这样我才有饭吃，还能付房租。阻力是个大大的箭头。我必须为自己的目标特别空出时间，好减少阻力。

三、利用"$F = ma$"算出安全气囊有什么作用（算术不难）。

你正开车前进，时速 50 千米，你 4.5 千克的脑袋距离方向盘 60 厘米。路旁热狗店外有个人穿得像热狗，你不得不承认那家伙真是有才。正当你想着那家新开的热狗店卖的东西是不是和他们的营销手法一样棒时，前面那辆车停了，结果你追撞上去，车子猛然停止下来。

A. 在没有安全气囊的情况下，如果你的脑袋直直往前撞，撞上方向盘的速度会是多少？

B. 如果方向盘以 0.1 秒的时间让你的脑袋停住（极突然），你的头会承受多大的力？

C. 如果你的车在 0.5 秒内完全停住，而车头变形扭曲，对你有多少帮助？

D. 如果有个安全气囊，让你的脑袋奔往方向盘的旅程变慢，花了整整 2 秒才到，你的头撞上方向盘的力量是多少？

解答：

A. 每小时 50 千米。这可不妙。

B. 把初速度千米 / 小时转换成米 / 秒：

50 千米 / 小时 ×1000 米 / 千米

×1 小时 /3600 秒 ＝ 13.9 米 / 秒（约）

接下来算出你脑袋的加速度：

在 0.1 秒内，速度从 13.9 米 / 秒降到 0，

减速的幅度就是 139 米 / 秒^2。

现在，把所有数字都套入牛顿先生的公式里：

$F = ma$，$F = 4.5$ 千克 $×139$ 米 / 秒^2，

$F = 625.5$ 牛顿

把牛顿换算成千克：

625.5 牛顿 ÷9.8 米 / 秒^2 ＝ 63.8 千克（约）。真疼！

C. 接下来算出你脑袋的加速度：

速度在半秒内从 13.9 米 / 秒降到 0，

减速的幅度就是 27.8 米 / 秒^2。

将新的加速度套入牛顿的公式：

$F = ma$，F=4.5 千克 ×27.8 米 / 秒 ^{2}，
F = 125.1 牛顿 = 12.8 千克（约）

看起来好多了，不过还是一样，痛啊。

D. 再算一次你脑袋的加速度；
速度在 2 秒从 13.9 米 / 秒降到 0，
减速的幅度就是 6.95 米 / 秒 ^{2}。

$F = ma$，F = 4.5 千克 ×6.95 米 / 秒 ^{2}，
F = 31.275 牛顿 = 3.19 千克（约）

好多了。你还够壮，顶得住的。

四、形容词"牛顿式的"，是用来描述静力学或动力学的古典研究。牛顿先生有此殊荣，因为他真正发明并组织出一个考虑力与运动的特殊方式。讲话的时候是这么用的，我们会说："牛顿式的世界观完美适用，直到我们研究以光速移动的物体。"
　　你的形容词是什么，怎么描述？用一个句子举例。

解答：当然，你的答案会依据自己的名字和特殊技巧而决定。我的形容词就是"麦金莱式的"，可用来描述在一项任务开始之初所拥有的那种热情，因为当时还不知道会有多么困难。用一句话来举例："赌赢了几千美元后，他带着预约单和麦金莱式的自信去找他新买的骆驼，即使他还不知道该怎么在那只乱吐口水的庞然大物上放鞍，然后坐上去。"

PART 9 〉〉〉

帮自己找根杠杆

机械效率

如果你真的很聪明（事实也的确如此），就会运用物理知识帮你应付生活中遇到的难题——撬开木地板、付大学学费，以及录制第一张专辑。

首先，我们要确定自己了解杠杆、滑轮还有齿轮是怎么展现它们神奇的功能的，然后再将这些知识用在美好的日常生活当中。

"功"的科学定义是"施力行经一段距离"。拖或拉某个具有重量的物体走过一段距离，就叫"做功"。是啊，谢谢你哦，科学。这我们早就知道了。

不过科学还是帮得上忙。机械效率的最简单范例就是忠实的撬棍。如果你自己修过屋子，应该已经和撬棍成了好朋友。从撬棍的长边稍稍往下压，短边就会以极大的力量往上。你做的功（较小的力经过较长的距离）就会转换成抬起一片老旧木地板的功（较大的力经过较短的距离）。撬棍两边所做的功相同，但你会把需要较大力量的那一边放在需要它的位置——插进烂到不行、还漆成蓝色的木地板下面。如果你不想靠撬棍的帮忙就掀开地板，你的手一定会痛得要命。为了计算撬棍的机械效率，我们需要把撬棍两侧所施的力和距离放在等式两边：

（工作侧）较大的力 × 较短的距离

＝（施力侧）较小的力 × 较长的距离，

$F \times a = f \times b$

所以，如果有根短边 10 厘米、长边 60 厘米的撬棍，你在长边压下 9 千克的力，那么短边会产生多少力，好把那些烂到不行的老旧木地板挖起来？

$F \times 10$ 厘米 $= 9$ 千克 $\times 60$ 厘米，

$F = 54$ 千克

哦，那些地板可撑不住。

杠杆、自行车齿轮、汽车千斤顶、滑轮，全都和撬棍的做功原理类似，诀窍在于该用哪一端，还有要选多大的。基本上，多段变速的自行车等于一堆可让我们选用的杠杆。如果踩得比较轻，自行车的轮子所得到的功就会比较少；如果踏板比较难踩，自行车的轮子就有了很多功可以用。

假设你骑着登山车在山里乱晃。这时，太阳快下山了，而你开始胡思乱想，觉得"我被一只饥饿的山狮跟踪"，一定很想选对变速挡位。如果挡位太高，双脚太过费力，速度就会慢下来；但如果挡位太低，就会像个疯子般踩个不停，却跑

不了多远。不管哪种情况，都会让你来不及在太阳下山前离开树林，于是你继续疑神疑鬼："我一定被山狮跟踪了，我还能听到它跟在后头的跑步声呢。"

如果你有幸脱险，相信将来不管遇到上坡、长而平直的路段或是下坡，你都会想利用刚刚好的机械效率，好在天色全黑之前离开森林。

生活物理学：到处都有杠杆

阿基米德最有名的一句话就是："给我一根杠杆、一个支点，我就能撬动地球。"但他不知道，在外层空间没位置好站，也没有地方能当作支点。不过他指出了重点：如果有足够的机械效率，不管什么东西都能被你撬动；诀窍在于知道何时使用机械效率，以及用多少。

打从阿基米德那个时代起，不管是标枪教练还是生产力大师，一直教我们"用巧劲，别用蛮力"。最好的办法，莫过于认出生命中的杠杆，并且加以利用。

有天放学，我在学校等妈妈开车接我回家，于是到艾莲诺修女的办公室找她聊天。我说我肚子饿了，于是她从桌上拿了个苹果给我，还加了一句："你们祈求，就给你们。"这份小小的好意，强化了高一以来所上的新约课留在我脑中的印象，并且提醒我：如果不说出来的话，身旁的人就不知道你有什么需要。在阿拉斯加度过的那几年，让我养成一种坚忍苦修的性格。坐在外头人行道的缘石上，我一边吃苹果，一边等妈妈开车来。"原来，就这么简单。"我心想。

多年后，我想灌录第一张 CD 时，曾经请经验丰富的音乐家提供协助。出乎意料，他们全都同意在我录音时一起来演奏。虽然我已经尽力而为，但无法付太多钱，我所能做的就是带着自己亲手做的午餐和饼干到录音室。那些才华横溢的音乐人来了，吃了我做的花生酱小饼干，全心全意地为我演奏。我们本能地知道，彼此应该轮流使用杠杆的两边，甚至当那根杠杆。后来，有年青一辈的音乐人想当我的演唱会开场嘉宾，我知道，轮到我当他们的杠杆了。

不需要赤手空拳地独力承担巨大的挑战。找个支点、找根杠杆。如果你只有感激的心和小饼干也没关系，够了。困难的任务并不一定要当苦工来做。

★ 物理练习

一、你的朋友坐在跷跷板一端，这时你想用手压另一端，好把他抬起来。如果他往中央移动的话，你要花的力气会比较多还是比较少？

解答：如果你朋友所坐的位置比较接近跷跷板中央，不用花那么多力气就能把他抬起来。他的位置离杠杆中心较近，因此需要做的功较少。只要你站在最末端往下压，马上就能得到很不错的机械效率。"杠杆作用"会把你的朋友举得高高的。

二、朋友往跷跷板中间移动，近到你一压板子就能抬起他。这时你该怎么计算自己用了多少力？

解答：杠杆的公式是：

$$F_1 \times D_1 = F_2 \times D_2$$

如果他那端是 1，你这一端就是 2，你所施的力就是 F_2，而朋友的体重就是 F_1。朋友距离跷跷板中心的距离是 D_1，而你往下压的位置与跷跷板中心点的距离就是 D_2。

$$(F_1 \times D_1) / D_2 = F_2$$

因此，把"朋友体重 × 到中心距离"除以你到中心点的距离，就能算出你要用多少力量往下压，才能把他举到空中。

注意：如果你在跷跷板一边费力把他举高的同时，竟敢问朋友的体重有多少，他可能会气得突然跳下来走人。问题是，这时候你仍然使劲往下压。为了避免发生这种害你头手都受伤的意外，开始前应该戴上厚手套和头盔。或者，你可以偷瞄朋友的健康检查报告，把上面写的体重再加个两成，别在自己脸红脖子粗使出吃奶力气的同时，问他这种粗鲁问题。

PART 10 〉〉〉

爱你的一切，爱你的疤

摩擦力

路西铎教练在黑板上说明因摩擦而来的力。他画着车子滑行到终于停止、砖块从货车车斗掉落到高速公路上，还有摩托车在看不见的结冰路面上打滑转圈圈。一方面因为教练老是灌输我们摩擦力如此不牢靠的思想，另一方面则是上驾驶安全课的时候，门德斯女士早就让我们看了一堆血淋淋的档案照。所以我们已经完全认命了，在标示不清的小巷出车祸丧命前，多活一天是一天。

由摩擦而来的力量一样可以用箭号标示在力图上。当物体靠在某个表面上往前进时，摩擦力会表现为往后拉的箭头。对摩擦力了解得越深入，我们画出的力图就越准确。可想而知，粗糙表面所提供的抓地力要比光滑面来得多。举例来说，如果你试着将一只空板条箱推过一块水泥地，就会感觉到箱板和地面之间的摩擦力。如果地板比较黏，或板条箱变得更重，摩擦力就会增加。

现在有只胖嘟嘟的猴子爬进箱子里，使得负载的重量增加，箱子与地板的摩擦力也加大了。你必须多花些力气，才能让它移动（除了重量和摩擦力都增加，那只猴子还可能在你努力推箱子的时候，对你乱丢果皮或任何它抓得到的东西)。

　　在地板上泼一点椰子油，可以让你的工作更轻松。如果箱子与地板之间有一层油，它们之间的"不愉快"会比较少。还有更棒的呢，猴子会很乐意把地上的椰子油舔干净，完全不会去玩你的头发。

　　水泥地和板条箱之间的粗糙度，可以用一个数字来表示，也就是所谓的摩擦系数。木头在水泥地上擦过时（而且没有任何椰子油或油脂），这神奇的数字是 0.62。当水泥地和木头彼此摩擦的时候，你可以把摩擦面上的重量乘以0.62，就能算出你想让箱子移动的时候，往后拉住你的摩擦力。0.62 是个没有单位的数字，工程师是靠着实验得到它的；事实上，达·芬奇就是最先发现摩擦系数的人之一。他不仅会画画、雕塑、绘制地图、设计直升机，还会画人体解剖构造素描，同时也是个十分杰出的材料工程师；显然他也长得很帅。

　　已有巨细靡遗的表格，列出铝、铸铁、砖、玻璃、木头、冰块、湿雪、干雪、皮革、麻绳还有你所能想象到的每一种表面的摩擦系数。看着这些表格，我总是会东想西想，到底在什么状况下，我们才会需要知道这些摩擦系数？我想象维京人穿着皮制内衣从桑拿房的蒸汽烤箱冲出来，滑下雪坡准备跳入北海。接着，准备跑回放置在木地板上的烤箱前，先要抓稳麻绳从冰水里爬出来，再一股脑滑过去，在几乎撞到一堆火红木炭前停下。没错。为了完美执行以上动作，重要的是知道它们的摩擦系数，或至少对摩擦力有很棒的直觉。真感谢有这么巨细靡遗的摩擦系数表。

就和那些出门洗桑拿的维京人一样，即使不知道要怎么计算，身为一位越野跑者，我也已经把自己对摩擦和牵引力的知识运用在了现实。高四上到路西铎教练的课之前，我已经参加校队四年了；不过回想我高一的时候，要进越野赛跑校队可没那么容易。放学后，要和其他几个女生一起跑学校后山泥泞的小径。我们在山坡上拔足狂奔，就像狂热的儿童十字军，在通往学校的最后一段人行步道上冲刺。

依据当天的状况，我通常是排第七与第八名。第七或第八名的差别非常重要，因为只有七个人能进校队。越野赛跑的计分方式，已从长距离跑步的孤单苦行变成一种团队运动。每次比赛完，每一队成绩最好的前五名跑者排名加总起来，分数最高的就是优胜，而每次竞赛每队可以有七名跑者参加；多的那两人是为了预防前五人走错或迷路等状况。

真的会发生这种事。跑道有时候会毫无必要地过分复杂，好凑成正确长度。主场赛道教练的指示往往是这样的：“绕湖边走球门底下，绕核桃树回转，再回到湖边；但这次要顺时针绕，来到东边的球门，记得别从球门底下过。离开操场后，看到有条小路通到厕所没？别走那条路。往左横跨草坪。这部分的跑道不会用三角锥或旗子标示。祝好运，女士们！”

经常和我竞争第七人位置的是高四的学姐，可以想见入选的应该是她而不是我；而且，她还是“马汀王朝”的一分子。

"马汀王朝"是四姐妹，称霸学校里的各个运动项目。我很确定她们在早餐时一定会吃药来增加血红素，但根本轮不到我说三道四。年纪最长最可怕的卡萝，从小就是个明星跑者，她已经高四了，才不愿意被一位瘦巴巴还绑着马尾的高一生超过。跑完后她精疲力竭，看得出来她并不想输。

"马汀王朝"还有校队里的其他人，她们的家长都在暑假拟订个别训练计划，还帮她们买最新款的高科技跑鞋。高一学期末的时候，她们全都有了既酷又炫、轻如鸿毛的跑鞋。那种鞋子的底完全是平的，鞋面一片雪白。我也想要一双，可是我已经有训练用的跑鞋了，不能要爸妈再买一双。我的训练鞋没那么轻巧，它们重得要死，鞋底还有凸起（所以是上一季的款式）。

我胜过卡萝的次数够多了，足以取而代之，和她妹妹克莉丝一起进校队，但我好怕克莉丝会在田径场训练的时候一拐子让我跌入池塘，或把我绊倒。

最终决赛那天下起雨来——并不是秋日洒落的细雨，而是持续不停的倾盆大雨，把小径变成泥流。教练们讨论着是不是要延期，不过这可是越野赛跑，我们本来就应该在各种状况下跑。于是我们整好队，鸣枪出发，超过一百名女孩踏着泥泞、摩肩接踵、不断推挤向前。跑了差不多一千米半，身旁的女孩们都在路旁刮鞋底，她们光滑平板的鞋底粘上厚厚一层泥巴。不是只有你以为的某些小孩才会骂脏话，我们学校的选手用各种吓死人、创新且实际的方法，把任何你想得到的东西当成咒骂的对象。

到了一处缓上坡，我跌了一跤。站起来，前进没几步，又滑倒了。这回站起来的时候，我的身体想起以前在阿拉斯加时，跟那些冻成冰的湿滑户外小径和游戏场搏斗的经验。出于本能，我侧着身体往上爬，慢慢地（而且还外八！）蹒跚跑完接下来的一段平路。到了下坡，我身体往前倾，尽量让双脚自己带动，到后来甚至必须像滑雪一样半蹲着，双脚左右交替滑，就像在冬天融雪时的混乱时刻，跑过以前位于安克拉治近郊的自家后院一样。

我知道该怎么应付——多年前曾经败给阿拉斯加的冰，还在下巴留了个疤。自从发生那件事之后，我就学会该怎么做才不会摔倒。只要有办法，我就会稍稍偏离小径那黏糊糊的路面，跑在旁边还有些草叶没被泥巴完全淹没的地方。我那双便宜跑鞋的鞋尖有凸起，能像雪地胎一样抓牢地面。我超越了整季都把我远远抛在后头的那些女孩，她们只能忙着刮掉积在昂贵跑鞋平滑底部的泥巴。

我冲过终点线，紧跟在克莉丝后面，让我们这队在全国竞争最激烈的分区得到第二名。就在我们排队等待记录成绩的时候，克莉丝的手往后伸，抓着我的手稍稍握了一下。这足以说明我已经在学校代表队里赢得一席之地。

生活物理学：个人的摩擦系数

把尼采的名言稍稍改一下："那杀不死我的，将使我更有抓地力。"失败会在我们身上留下疤痕，但我们身心都需要这种擦伤，下次再尝试的时候才能抓得牢。我们会在心里做一张摩擦系数表。不论是现实生活里的卡萝·马汀、疯狂的上司，还是没有诚意的一个吻，我们都会赋予它一个数字。接下来，我们用拼命赢来的粗糙轮胎抢过弯道，比失败、受打击前跑得还快。即使你受过伤的部位仍然不足以应付，但遇上看不见的路面薄冰时，仍会因为之前曾经滑倒而感觉十分熟悉。你知道该怎么办。别慌张，小心翼翼，找到摩擦力。你不会开到路边，这次不会。

★ 物理练习

一、把一块 10 千克的钢砖放在钢桌上。两块钢之间的摩擦系数是 0.8。

A. 要施加多大的力，才能让钢砖往前移动？

B. 如果在钢桌表面涂满橄榄油，钢砖与钢桌之间的摩擦系数会变大还是变小？

C. 为什么有人会在钢桌上涂满橄榄油？

D. 那好怪，对吧？

解答：

A. 10 千克 ×0.8 ＝ 7.2 千克。

B. 钢砖会更容易滑动，因此摩擦系数变得较小。

C. 也许是要用钢桌上的钢砖把蒜头敲碎。

D. 这要看有多少人等着吃。在一张涂满橄榄油的钢桌上用一大块钢砖敲碎蒜头，这主意不错。别被先入为主的观念困住了。

二、你觉得以下哪种组合的摩擦系数最大，哪种最小？

A. 橡胶鞋底踩在冰上。

B. 橡胶鞋底踩在干燥水泥地上。

C. 橡胶鞋底踩在潮湿水泥地上。

解答：B 的摩擦系数最大（最不滑溜）；A 的摩擦系数最小（最滑溜）。

★ 试着做做看！

拿两本书并放在桌上，左边那本的书背向左，右边那本的书背朝右。就像洗牌的动作那样，让两本书再靠近一点，翻动书页，一页叠一页，一页再叠一页，直到最后。现在试着把两本书分开。为什么这么困难？

解答：当你要把两本书分开的时候，两本书的每一页都被另一本书的某页压着，以纸和纸之间的摩擦力抗拒你的努力。如果只重叠一两页的话，并不会造成这种效果，但是整本书加起来的摩擦力可比你以为的多很多。把书拉开的同时，你可以想象有许多小小的箭号往你的反方向拉动。书页越多，力量越大。这明白显示出摩擦力有积少成多的特性，文字的力量也是。

PART 11 〉〉〉

开车请系好安全带

运动与动量

　　不知道运动和动量的定律，是不至于被抓去坐牢啦，不过，如果你想确保自己的记录干干净净，完全没有前科，那一定要弄懂这些定律。我们再回头去找牛顿，看看怎么避免留下难看到不行的档案照。

　　我们已经好久没去管摇滚巨星牛顿先生了，没想到他在后台引发一起小火灾。过不了多久，他跑去问司机该上哪里去买苦艾酒，然后开始大骂莱布尼茨有多烂，完全抄袭他前短后长的发型。说实在的，难道不能说你们俩都是微积分的发明人吗？拜托，别再碎碎念，又不是拿第一就赢了；当然啦，通常是这样没错。不过这件事另当别论。

　　只要对牛顿说我们还记得他的第一定律，这爱生气的家伙就会平静下来：动者恒动，静者恒静。换句话说，除非物体受到某种推、拉或敲打——当然都是施力啦，它会保持原来的运动方向和运动速度。"动者恒动"这句话提醒我们，开车系安全带非常重要。如果你以每小时 65 千米的合理速度前进，突然有个可爱的家伙顶着蓬乱的爆炸头冲到路上，而且根本没看到你的车，你必须猛踩刹车才不会把那人压扁，车子因此受力停止。这没问题，但你的身体并没有受到刹车作用。它遵循牛顿的第一定律，继续往前进，因为根本没有力量加在你的身体上。当你的身体以每小时 65 千米的速度往前冲的时候，如果有安全带勒住你的胸，你的脸就不会贴上挡风玻璃来个亲密接触了。

只要有过满载采购好的日用品开车回家的经历，就等于体会过该怎么应付牛顿第一定律。我们知道，车子如果突然右转，装东西的纸袋就会倒向左边。那是因为没有力量施加在那些纸袋上，要它们改变方向。袋子倒下，苹果掉出来到处乱滚。

不过既然购物袋已经翻倒，如果想吃点什么，只要踩刹车就可以了。掉出来的苹果会继续往前滚，直到前座。如果日用品要遵守牛顿的定律，你也一样。

月球与地球的完美平衡

谈到牛顿与苹果，我们再离题一下，说说牛顿被苹果敲到脑袋的故事。这件事让他顿悟地球拉着月球，但还是有个问题没解决：如果地球的力量那么大，为什么月球没有直接掉下来砸在我们身上？牛顿有答案：动量。

月球很可能是因为一大块什么东西和地球相撞而产生的。那时，月球还只是一大堆移动的不规则碎片。它一边旋转一边移动，想要远离地球，但无法离开太远，因为地球的引力拉着它。除了地球蛮横的引力，太空中并没有其他力量可以推或拉动月球，因此月球会遵守牛顿第一定律，继续移动、旋转、飞过太空，以及保持和地球一定的距离。月球像是一颗被绑在柱子顶端的网球，然后拿网球拍用力一挥！网球并不会飞离柱子，而是绕着柱子打转。把网球换成月球，绳子就是引力，一开始用球拍大力挥击的那一下，就是很久很久以前谜样的撞击事件。太空中是真空的，没有摩擦耗损，所以也没有什么可以让月球停下来。这场拔河达成完美平衡，把月球留在那个位置，我们还能靠它制造出潮汐，并激起我们泉涌的文思。

动量一直来一直来

"今天各位要做的是动量守恒实验。"某个晴朗的午后，路西铎教练在黑板上写了一条简单的公式，如此向大家宣布。"我们的朋友牛顿先生的大作，告诉我们这个结论：撞击前的总质量乘以速度，等于撞击后的总质量乘以速度。"他在黑板上画了一个示意图，两颗撞球面对面滚过去（撞击前），然后又一张图，画出撞击后，各自往不同方向前进的样子（撞击后）。他说，物体的动量就是质量乘以速度，而且还跟我们打包票，如果把两球撞击前的动量加起来，再把两球撞击后的动量也加起来，就会发现前后的动量总和是相同的。现在它们也许各自往不同方向移动，但撞击前的动量总和等于撞击后的总和。为什么？因为这是牛顿说的。

教练鼓励我们对牛顿的权威存疑，于是我们仔细研究各种金属轴承、玩具车和撞球，四处找寻可以拿来对撞的东西，好证实动量守恒。我们把物品放在磅秤上测量，安排小规模的灾祸，然后测量它们撞烂后的速度和方向。

我们的撞击实验结果并不都很容易测量，但概念相当简单：撞击前和撞击后的动量一模一样。能量可以从一个物品转移到另一个。除了在你车门弄出一个大凹洞、刹车让轮胎吱吱叫时所产生的热量，或其他碰撞时可能发生的耗能活动，所有能量都会转移掉。既然动量是物体的质量乘以速度，那么一个移动得极快的小物体怎么可能跟一个动得很慢的大物体一样，有那么多动量？事实上，如果参与碰撞的小物体具有足够的速度，的确可以推动大物体好一段距离。大家都来当工程师吧，运用以上知识让这个世界更安全，也更有型。

运用动量打击犯罪

如果你成为一位干练的警探，戴着反光的太阳镜还有难以隐藏的个人魅力，就要习惯有人会从天而降，还刚好掉在你疾驶而过的车顶上。我会知道这些，全都是因为电视、电影里经常这么演。如果遇到这种事，最好很快在心里复习一下动量守恒，看看你有哪些选择。

如果挂在挡风玻璃外面的那张脸是你神勇的搭档、关键的线人，或乐于助人的邻居，你就会想慢慢轻踩刹车，确保不会太快减速，让车子的动量变化慢到足以让你的伙伴牢牢扣住车顶，直到车子完全稳稳停住。这时，他们可以很有尊

严地爬下车，顶多把裤子尿湿，却不至于一把鼻涕一把眼泪
地趴在车顶上哇哇大叫。

　　另一方面，如果你车顶上那家伙脸上有道明显的长疤
痕，还拿着一把 9 毫米口径的手枪指着你的脑袋，你八成会
想用尽全力急踩刹车。这么一来，那人就会往前飞，比起继
续用等速前进，他要瞄准你的头可没那么容易。另一个选择
是，可以考虑来个急转弯，那位拿着手枪耍狠的不速之客就
会翻落地上，眼睁睁看着你扬长而去。

　　如果你是 FBI 探员或"终极警探"，会遇上的另一个状
况，就是不可避免地要在行驶中的火车顶上打斗。这是电影
中经常出现的情节，所以对执法人员来说，一定是个普遍
现象。

　　记得，拳打脚踢之余，你和对手还有火车，都是以同样
的速度往同一个方向前进。你可以跳到半空中试试，你会落

在火车顶上同样的位置。这很合理，除非你在空中的那一瞬间火车刚好减速或加速，不然跳起再落下时，不会掉在不同位置。

如果要让动量成为你的帮手，就要面向火车前进的方向，而让对手背对它。这么一来，你可以看出火车会往哪个方向转弯。如果你们打斗的那节车厢刚好要往左弯，就是用左脚来个回旋踢的好机会。这一脚会把坏蛋踢向右边，由于他的身体还想继续往前，你只要再往右给他一击，对方就会掉下去。绝对不要用右脚踢，那样会让你掉下火车，因为车子正在左转。

你可以发现，如果想当个成功的警探，光是了解法律还不够，也需要了解牛顿的运动定律；而且，当嫌犯步行逃离加冕典礼或白宫晚宴时，你必须了解怎么穿着燕尾服或高跟鞋奔跑。就是会发生这种事，而且很多次。

还可以用来击退色狼

即使你并不打算成为街头打架高手，和资历可疑且品德高尚的卧底警探打斗，你还是需要牛顿的定律来赶走让你讨厌的人。比如说，你在伸展台上为新秀设计师的服装秀当了整晚的模特儿，有个助手跟着你到车上。这时该怎么办？走台步和急忙换装已经搞得你好累，那助理还跑来问你想不想喝一杯。你很有礼貌地拒绝了，但他坚持要请。你再度婉拒，他坚持自己没有什么不良企图（哼，才怪），还说你真是势利，自以为是模特儿，就一副多了不起的样子。你心里想：才不呢，我比你好是因为我有礼貌，而且我不会咄咄逼人还恼羞成怒。

突然那人往前冲了过来。你知道该怎么做。

你侧身一低，抬起一只脚，在他还来不及把往前冲的动量停下来之前，两腿之间已经直接对着你的鞋跟。他在地上滚来滚去，又刚好把头放在你抬起的那只脚旁边。他设法抓住你的脚，你用另一只脚像是踩西瓜一样踩他脑袋，直到他放手为止。接着你站起来，用手机打电话求救，因为这可怜的家伙显然需要送医治疗。

如果你会因为对方受伤而心里不安，可别忘了，第一击不是你出的力，是他自己。他的身体被动量往前带，你只不过把脚放在行进路线上而已。如果在篮球场上，那他就是带球撞人，你还得到两次罚球的机会。在这个例子里，你必须把警察带到弓着身体躺在地上的家伙旁边，心想他应该一辈子都会怕意大利平底靴，而且也学会当别人说"不，谢了"的时候，就要尊重对方。

生活物理学：注意你的方向

动量不仅有大小和速度，也具有方向。当牛顿说"动者恒动"的时候，还加了一句"同一个方向"。

我曾有一次受到短暂拘留的经验，还见识到牛顿加上的那句"同一个方向"到底是在讲什么东西。当时，我为一个电视调查节目工作，想要找出事情内幕的时候，不小心踩到了红线。我的雇主忙着搞清楚"非法入侵"和"带着摄影人员看风景"之间有什么差别，而我已经在拘留所里认识好几个人。他们都是拘留所的常客，告诉我许多提供保释金的诀窍，还有卫生礼仪。

随着渐渐了解这些人，我也很快归纳出一个模式：这一群"新室友"都不是因为做了某件蠢事而锒铛入狱，而是因为令人叹为观止的一连串蠢事！一旦他们蓄积动量，朝着反复进出监牢的日子迈进，就很难改变方向。

生命中某个时刻，这些身陷监牢的人可能会想："咦，不知道安非他命吸起来感觉怎么样？"问得真好。有时候人就是会问这种问题。可是，就算你见过嘴歪皮烂、恶心到不行的吸毒者照片，一旦开始躲在地下室吸那种用打火机油、溶化的抗组胺药和一点点通乐弄出来的玩意儿，你很容易就能猜到人生会往哪个方向前进。这种搞法，会让你家常常需要由穿着防护衣、头戴防毒面具的人来做爆炸后的清理工作。可想而知，你的生命会需要怎样的清理。

因此，我思考自己的经济、社会还有用药选择，试着把眼光放在六个月后：我的所作所为对生命的荣耀与成功多有益或多有害？会让我过着粗腰凸腹、户头透支或吃牢饭的生活，还是身着黑色比基尼在金黄色的夕阳衬托下玩冲浪板？我记得拘留室有位好心的守卫拿了个三明治给我，还摇摇头表示这份餐点是打工的犯人做的，说不定还加了什么体液调味之类的，谁知道呢。当时的我多想来份美味的干酪拼盘，附上填料橄榄，最好还有已经醒好的红酒。我想象动量的箭头朝向干酪拼盘和红酒，但它们所指的方向，和我九小时之前急忙冲过的"闲人勿入"告示牌完全相反。

我跨出的或许是一小步，但每一步都前往某个特定方向，一旦开始往前走，只有在急转弯踩刹车或撞上东西时才能改变我的路线。我心知肚明，最好一开始就好好选择——除非想在高中毕业后成为全职囚犯，还穿着难看得要命的制服。

动量合并的时候，"方向"的考虑就变得更加重要。在教练的课堂上，我们算过物体相撞后动量改变的情况。如果汽车由后追撞货车，两车的保险杠彼此扭曲纠结，就成为一个物体，这表示动量会变成重量合并后再乘以共有的速度。如果一开始就往相同方向前进，合并动量就会相当可观；如果冲击之前彼此的方向是相反的，就会互相抵消。我跟别人合作时，总是在想这件事。首先要问的就是："我们是不是往同一个方向？"

假设你参加了一个乐团，而每个人都可以决定共同目标，像是在美国西海岸巡回演出、卖出三万张 CD，其中一首歌还被某个超酷青少年吸血鬼电视节目选用，这样的话，你们的乐团就是往同一个方向共同前进。反过来说，如果吉他手只想去冰岛音乐节，贝斯手一心想参加电视竞赛，而主唱最在意的其实是他的意大利面事业，你们就会像是往不同方向乱跑的汽车，而且还在交流道撞成一团，最后变成一堆纠结的零件，哪儿都去不了(提示：如果团里有人说要剪一样的发型，赶快退出。我们不少人都有过惨痛经验）。

你需要这样问问自己：想和谁组成团队？其他人是否和我朝着相同方向前进？

就算没人分担你的远大目标，也不必为此停下脚步。你可以自己一飞冲天。要记得，动量是由质量和速度组成的。你也许只是个小人物，但只要起步跑得够快，也可以成为推动保龄球的子弹。

★ 物理练习

一、两名花式溜冰选手在冰上暖身。葛兰达身材高壮（擅长跳跃），体重 68 千克；克萝达又瘦又小（艺术表现分数超高），体重 45 千克。她们以相同速度往反方向滑：葛兰达由南往北，克萝达由北往南。结果两人彼此撞上，紧身布料和亮片纠结成一团后滑过冰面。如果碰撞时或在冰上没有能量损失（这不可能，但这样假设比较好玩），那么两人相撞之后会往哪个方向？

解答：我们知道，撞击前的总动量和撞击后的总动量一样；我们也知道，两位溜冰选手是以相同速度面对面而来，以及葛兰达拥有较大的质量（全部都是肌肉，葛兰达，你看起来真迷人）。所以，撞击前，往北的动量要大于往南的动量。既然撞击后的总动量要一模一样，当她们跌跌撞撞滑过冰面的时候，会有更多动量往北，因此她们会滑向北方。

二、加分题来了！如果葛兰达以每秒 4.5 米的速度往北滑，那么克萝达的速度要有多快，两人撞击时才会突然停住不动？

解答：准备好计算了吗？当然准备好啰。你每天拿算术当早餐。

葛兰达初始动量＋克萝达初始动量＝最终动量为零
葛兰达（质量 × 速度）＋克萝达（质量 × 速度）＝ 0

超有用提示：克萝达的速度是负的，因为相对于葛兰达而言，克萝达是往反方向前进。

我们都很懒，就用重量代表质量好了，反正在这个例子里并没有什么差别。

68 千克 × 4.5 米 / 秒＋ 45 千克 × （−v 米 / 秒）＝ 0

解出 v，得到每秒 6.8 米。看到没？即使你个头小，如果动得够快，也可以来个使劲一推，让大个子停下来。撞到还是会很痛，但总比被撞翻过去来得好。

★ 试着做做看！

租一座轮滑对抗赛场地，挑几位朋友，穿上溜冰鞋、护膝、护肘、护齿还有安全盔。队员要给自己取个像是"人肉碎骨机"或"大海啸钱宁"之类的名字，大家再根据不同速度、队员体重还有碰撞角度，预测各次碰撞的结果。正确预测最多次的，还有擦伤最严重的，都能获奖。

PART 12 >>>

让宇宙定它的规矩
课间休息

高中时代，我学会了别在暑假期间跟爸妈要钱搭火车到洛杉矶逛街购物，或找朋友一块去吃冰激凌。我妈和查克只会彼此对望，然后说"好像不错"之类的话，再继续清理垃圾，但不会伸手掏钱包，因为他们的预算里并不包括购物或到城里一日游的经费。更重要的是，他们知道我对不必遵守校规和薄荷巧克力冰激凌的渴望，将是我自己赚钱的最大动力。

学期中和暑假的打工让我看到如果没有受过良好教育，会得到怎样的工作机会。我在一排排数也数不清的汉堡上挤芥末酱，还帮邻居做园艺。那是位老太太，天性喜欢养花莳草，名下有好几间小小的房子出租，我也因此有一大堆种东西、除杂草的工作可做。

九月开学，或是春假结束后回到学校，我身上就会散发西红柿酱和树皮的气味，整个人充满斗志，决定要好好念书、上大学。高中时代打工做汉堡或是翻土完全没有问题，可是我不想一辈子都做这些事情，绝对不要。如果没有大学文凭，我的将来恐怕就会是这么回事，包括戴着纸帽的每一天，或是有个恶雇主指着我的鼻子，质问我夹竹桃花为什么开得这么少。

就像这些暑假打工的体验，它们让我想起自己原本的动机，并且有机会回头看看为什么要研究物理学。我们必须自我提醒，如果对这些明摆在眼前的重力、能量和运动等定律视而不见，不但不愿遵循，还要自己编出一套新定律的话，会发生什么事。

新兴宗教的领袖就是这种人。倒不是那些所谓的骗子，明知道自己的东西和现实有所出入，却故意欺骗世人。我指的是那种真心寻求答案，并且靠自己想象出答案的宗教领袖。他们的行为在外人看来真的非常有意思。

一位深具魅力的宗教领袖将所有证据全都摊开在虔诚的信众眼前，公开宣布某天午夜就是世界末日。他综合维京人的神秘符号、波利尼西亚的神像、欧几里得的几何学，还有自己梦到飞越曼哈顿上空的详尽解析，向信众宣称：到了末日那天，大家都要排成一列，绕着会所外围走，并用木勺敲打烤盘，弄出欢天喜地的声响。最重要的一点是，所有人都必须百分之百相信他——至高无上的领导者。大家必须穿上浅蓝色的袍子，这么一来，外层空间来传话的神祇才能认出这些诚心的信徒，出手相救。

关于浅蓝色的袍子，这可是重点中的重点。如果你穿了其他颜色的衣服，就会被留在分崩离析、遭烈焰烧灼的地球上，跟那些不相信、不值得救，以及穿着粉红色黄色绿色花布的人一起受煎熬。

接近午夜时分，信众手里拿着木勺敲敲打打，大伙身穿浅蓝袍子绕着圈走，结果世界却没有毁灭。忠诚的信徒心里会这么想：也许世界末日会稍微迟到一下。所以他们继续高声欢唱，但双手已经累得发酸。太阳就快升起，老实的追随者三三两两回到寝室。淋了雨的袍子好重好重，锅子被敲得凹凹凸凸，他们心里充满疑惑，不知领袖到底哪里没算好。

接下来更有意思了。领袖宣布说，他发现错误了。世界末日保证在两年后的同一天，因为他忘了把挪威和波利尼西亚之间的时差列入计算。如果是真正开窍的领袖，就会明白世界才不管这些莫名其妙的计算，世界末日应该直接问世界"本人"才对。

当然，我们觉得这些把衣服弄得脏兮兮的家伙十分可笑，也认为他们的领袖是奇怪的骗子。但事实上，即使是我们这些不信什么末日教派的人，偶尔也会坚持宇宙应该依照我们的规定运作。我们以为：如果再瘦个几千克，一定能找到更好的工作；筹划户外婚礼的时候，自以为老天才不会对真爱泼冷水。我们就像坐在自己堡垒里头的宗教领袖，三更半夜还在笔记本上计算星球之间的距离，并且用一套烟圈和八面体骰子的花样与维京人的祖先取得联系。

我们无法把世界压制在地上，逼它接受我们的游戏规则。订规则没什么不可以，只要我们高兴就好，可是宇宙未必会照着你订的去做。想随心所欲地幸福度日，最有可能的途径就是了解宇宙运作的原则，并且使其为我们所用。重力、运动、能量还有物质等运作方式，不断向我们展现宇宙运作的定律。如果能和气相待，不但可以从下沉的汽

车里逃出来、做个精彩的高空跳水，也可以用物理定律打
造出有用的模型，让我们以乐观、均衡、勇往直前的心态
面对璀璨的未来。

再让我们回到课堂上吧。

PART 13 〉〉〉

想办法别让自己沉下去

浮力

路西铎教练讲到浮力那天，我非常认真在听。他解释说，浮力就是让东西浮起的上推力。当液体被某个物体推开的时候，液体会往回推，想重新夺回被粗暴驱离的空间，就是这些回推的力量使得物体浮起。不过，我感兴趣的并不是这个部分。重点在裸男那段。

有关裸男

显然，哲学家、科学家兼运动家阿基米德是在洗澡的时候，突然了解了浮力的真谛。

路西铎教练只说，阿基米德是个哲学家也是科学家，不过由于希腊人喜欢结实的身材，就算假设阿基米德是个杰出的铁饼或摔角选手，应该也差不了太远；而且既然是待在澡盆里的人，全身一定是光溜溜的。

阿基米德把身体浸在澡盆里时，突然产生一个念头。他那有如石头般坚硬的三头肌颤抖不已；腹肌收缩，支撑着他紧绷而结实的下半身。阿基米德深邃的棕色眼睛看着水从澡盆里满出来，溢流到地板上。他发现，流到地面的水量，刚好等于他那副精雕细琢好身材的体积。他留着微髭的上唇因阵阵喘息而濡湿，心里盘算着：自己壮硕的身体（请见下图一）在澡盆里似乎变轻了，这应该跟那些溢流的水有关系。他擦洗着厚实的胸膛，突然想通一件事：他的身体占据了水原本的位置，所以它们一心想抢回来（请见下图二）；而水能提供的力量就只有自己的重量，因此，所排开水的重量便将他抬起。

　　"我发现了！"路西铎教练大叫一声（我想是在模仿阿基米德吧）。他像日本歌舞伎那样扎稳马步，用哑剧形式表演阿基米德身体下方的水如何用力往上推。他解释说，水一被推离原位，就会以大约每立方米 1000 千克的力往回推。如果

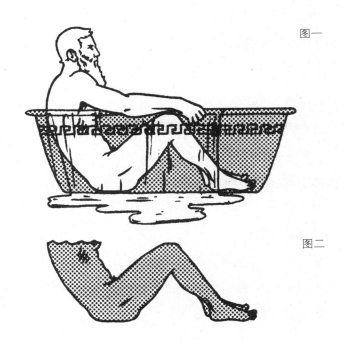

图一

图二

你推开 1 立方米的水，由这些水而来的浮力会有多少？没错，1000 千克。假设把水推开的物体体积就是 1 立方米，如果重量不到 1000 千克，那物体就会浮在水面上；如果重量大于 1000 千克，就会沉下去。到底是浮还是沉，只不过是浮力（水往上推）和物体（不论浮上来或沉下去）两者角力的结果。

教练还加了"但书"：如果排开的液体不是纯水，那么上推的浮力就会不一样。例如说，海水的重量差不多是每立方米 1032 千克，因为含有盐分，所以比纯水重。如果阿基米德想对自己好一点，在水里加了些浴盐，浮力往上推他身体的力量，就会比泡在单纯的洗澡水里稍微大一些。他美好的身体排开的水体积还是一样，但是由于重量变大了，上推的浮力也会跟着变大。没错，盐在那个时候十分昂贵，不过很值得。这一点多出来的浮力，正是阿基米德在学术圈里认真研究一整天外加重量训练后，最需要的东西。

真希望教练再回过头讲阿基米德，多多详细描述光溜溜洗澡的情节，可是他只顾着解说许多或沉或浮的例子。这个时候，我翻开课本，看到一张令人失望的黑白阿基米德画像。他一脸严肃、留着大胡子，而且他跟耶稣长得好像；事实上，他看起来就像变老了的耶稣，或是耶稣他爸。哦，老天。那不就是上帝了吗？我居然在想象上帝的裸体！

我还没来得及跟上帝道歉，说我居然在心里把他的衣服脱光，教练已经在黑板上写出船舶简史。大致上是这样的：我们打鱼的祖先一开始是用木头造船的，因为他们看过木头浮在水上的样子。把树干挖空后，跳进去，顺理成章。祖先们并不知道木头的密度比水小，而且会把比较重的水推开，所以才会浮起，只知道这么做可行。而他们也知道，如果划到水比较深的地方，抓到的鱼会比在岸边捕到的还好吃。

一直要等到好多年后，才从木造船进步到钢造船。我们的祖先早就知道用钢做刀子，可以用来削洋葱，还可以砍侵略者的脑袋，却不认为那是造船的好材料。虽然钢比较坚固，不过早期的造船者并没想到钢有这么"轻飘飘"。他们只知道，如果急着帮鱼开膛破肚，却一个不小心手滑的话，那把全新的锐利钢刀会直接沉入海底。

一直到他们真正做了个又大又空的钢制船壳，实际体会到浮力的作用，才发现：原来钢船一样浮得起来，只要能排开够多的水就行了。一只空铁壳所排开的水，就跟一个实心铁块排开的水体积相同，却又没有实心铁块那么重。只要做成中空的铁壳，水往上的推力就足以让船浮起。

由于钢铁比木材坚固得多，让这些对浮力很有研究的造船者得以造出巨大、无法摧毁的豪华邮轮，比如泰坦尼克号。好吧，或许并不是无法摧毁，但是足够让整个管弦乐团舒适地在船上演出，还有能供应现切烤牛肉的豪华宴会。但万一尖锐的冰山刺穿船壳，让所有被排开的水冲了进去，船很快就会丧失浮力。船壳一旦进了水，就再也无法提供浮在水上所需要的浮力。当然，逐渐沉入冰冷海水的同时，你还是可以欣赏莫扎特的作品与美味的法式蘸酱。

等等，那里怎么会出现可怕的冰山？

没错，它一样享受浮力定律带来的好处。虽然一般来说，液体变成固体的时候体积会缩小，然后下沉，但水却不是这么一回事。水很特别。

水：自然界的特例

普通的液体，例如炙热而四处流动的铅，一旦变冷，它的分子运动就会变慢，凝聚成紧密而坚固的块状。那紧实的固体要比液态的铅更重。把一小块固态的铅丢进一大盆热腾腾的液态铅，它会逐渐往下沉。但是如果把冰块丢进一杯水里，它却会漂浮在水面上。这是因为水冻结的时候，分子并不会变得比较紧密，而是"比较不紧密"。事情并不单纯，水分子和一群水的内部情况一定有什么古怪。

水分子具有两个氢原子和一个大得多的氧原子，呈"V"字形排列，大的氧原子在底部，两个较小的氢原子在另一端。温度下降时，水分子的反应就像战时依然谨守规矩的英国人。分子量较小的物质冷冻时，通常会以随机而混乱的方式聚集在一起，但水分子却能保持头脑清醒，以十分有秩序的方式

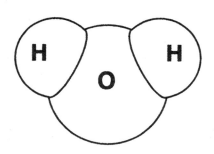

排列。水分子带正电的那端（两个氢原子），会靠近隔壁水分子带负电的那端（氧原子），一个接一个，形成格状构造，不但漂亮（就像六角形的雪花），还能保持适度空间（结冻的水分子就跟英国人一样，不喜欢搂搂抱抱）。

结冻水分子的构造要比它的液体形态更占空间。1立方米的冰所含的水分子，要比1立方米的水来得少，也就是说，冰的密度比水小，所以1立方米的冰比1立方米的水来得轻，它所受到水的推力会大于自身重量，冰就这样浮在水面上了。由于冰的密度只比水小一点点，所以它必须排开很多水，才能浮起来，不像挖空的树干，可以在水面上漂来漂去的。撞上泰坦尼克号的那座致命冰山，从水面上看并没有多大，这是因为它绝大部分都必须沉入水中，才能得到所需的浮力。

善用浮力，过精彩人生

假设你参与取回无价石像的秘密行动。现在你人在游艇里，但要把石像带回岸上，这时候，教练教我们的关于浮力的所有情报就能全部派上用场了（如果你需要在泛舟时拿花生酱三明治给外甥，这些知识一样很实用，不过我们还是用夺回艺术品的秘密行动来讲好了，因为你过的是多彩多姿的人生）。

到目前为止，你已经成功渗透进由俄国黑帮老大、葡萄牙海盗和加拿大酪农组成的邪恶组织，他们全都是艺术品

黑市买卖的要角。你花了好几个月在敖德萨港的夜店喝伏特加、帮葡萄牙足球队大声叫好，还在曼尼托巴玩教会办的宾果游戏时输了一大把，总算受邀登上嫌犯的游艇，参加核心成员聚会。你们从西班牙的港口出发时还是下午，大家在船上用盗猎来的象牙做成酒杯喝朗姆酒，玩了几把赌注很高的二十一点，还有几回合桌游。船往北方驶去。

傍晚，服务员带你到赌场旁边的小房间，让你换上晚宴后舞会的正式服装。当他把毛巾的位置指给你看的时候，你正好瞥见赫拉女神的大理石头像，旁边则是海克力士的脚。你心里想着："啊哈！这些就是去年希腊博物馆遭窃的那些东西！"但你并没有大声嚷嚷，这样太蠢了。这时，你假装有点醉了，对服务员说，换装可能要花点时间。其实你没醉，你正盘算着怎么把那些无价之宝安全运抵岸上。

从你换衣服的那个房间里，可以听见罪证确凿的艺术品大盗正在和一名女士聊天。再过 1 小时就要到达港口，他打算一上岸就脱手那几件东西。哦，等一下就会上提拉米苏了。

你正在想，剩下不到 1 小时，该怎么做才能先吃到提拉米苏，并且把宝藏运出去？你终于了解整个派对不过是个幌子，所以船上根本没有任何救生艇或漂浮设备。这位让宾客等提拉米苏等到口水直流的主人，并不希望任何人带着雕像搭救生艇逃走；也许他自己在某个地方藏了件救生衣，不过反正他不在乎别人的安全，而且很不会玩桌游。这家伙把你搞得神经兮兮。

你很快整理了一下情况：离岸边约有 3.5 千米，游泳上岸倒没有什么问题，问题是不能把大理石像留在船上。但它们每个都重达 22.7 千克，一定会压得你往下沉，就像石沉大海，因为它们是用石头做的。

打从一上船，主人就大方地要宾客们当自己家，要吃什么都可以去厨房拿。这下你就恭敬不如从命吧。他站在船的右舷，和好几位用虎牙当袖扣的家伙争论着俄罗斯轮盘在葡萄牙是怎么玩的。这时，你从厨房拿了几个又厚又具备工业用强度的垃圾袋，正合需要。再偷偷从设备齐全的女生厕所拿了几个发圈。把所有用品都放到左舷。接下来，蹑手蹑脚地把赫拉的头像和海克力士的脚搬过来。一切准备就绪，把雕像分别放入垃圾袋里，吹饱气，再用发圈紧紧绑住垃圾袋开口。

然后，两手各拿一包战利品，你悄悄溜进海里，用标准的侧泳往岸边游，这样才不会溅起水花，还能拖着两个充满气的垃圾袋渐渐远离。在夜色的掩护下，你默默感谢垃圾袋的制造商，幸好他们的袋子是黑色的，而不是"看啊，我又把你偷走的东西偷回来啦"那种白色。

由于袋子里充满了空气，足以推开大约 0.3 立方米的海水（重量差不多是 30.84 千克），这么一来，夺回的宝物很容易就能浮在海面上；而且拖着它们也不是什么很困难的事，因为一旦动了起来，就不会有什么阻碍（你在"动量"那章已经学过）。你就像只静悄悄的拖船，拉着珍宝缓缓前进，嘴边还沾着提拉米苏。哈！想到好办法啦，先走一步啰！

生活物理学：随时准备漂浮

了解浮力，对人生的某些时刻——就像你从游艇里夺回被偷去的雕像，是很有帮助的。至于其他成千上万没那么重大也没那么戏剧化的时刻，许多人要不就是死心沉入水底，要不就是想办法游泳上岸；但我希望自己能像座冰山一样随时做好准备。其他人只能见到一小部分的我，因为我在水面下建构了一个具有组织性的构造：仰卧起坐、课后作业、研究、团队活动以及只吃蔬菜。这些都是私底下进行的，不值得大惊小怪。

我十分专注于了解什么东西可以帮助我浮在水面上，什么不行。我知道，不管再怎么抱怨自己有多忙、多想生在有钱人家里，都无法让我浮起。浮力定律才不在乎我觉得自己有多可怜，它们只在乎水面下的晶体结构、在乎有多少水会被推开。所有默默投注的努力，都将制造出一个架构完美且

精巧的漂浮装置，协助我航向目的地。

如果我受到诱惑，想要偷懒不准备考试、演奏会或泡沫灭火系统程序报告所需的各种工作，只要想想过去因为缺乏准备而产生的后果就够了。少了苦读、练习，或是没有用心选择设备，我就必须为自己浮不起来负责。

看别人得到普利策奖、电影角色或在南瓜大王比赛中胜出后的访问片段时，我最喜欢听他们说自己"非常荣幸"，并且认为其他短篇小说、演员还有南瓜农也都很棒，能胜过大家真的十分高兴。更棒的是没有说出口的部分。他们不会提到自己为了迈向卓越，写了上百份草稿、试镜时被批评得多惨，或是在深夜紧急盖上防霜害的塑料布。如今他们浮上台面，脸上有着阿基米德在澡盆里的那种安详，结合了"我

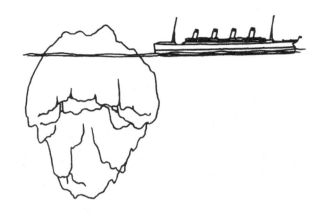

发现了"和"洗个热水澡真令人轻松"这两种心情。他们因为有了浮力而轻飘飘。

我们知道这些人为什么会有成就。他们在水面下造了巨大、外界看不到的构造，而且总是比想象中更壮观。他们的练习、锻炼或苦读都比我们以为的多很多。即使到现在，我仍然很惊讶，不管做任何事，都要花费比预期还要久的时间，比我想象中还要困难。我觉得好累、充满挫折感，难道每个人都会遇上这种困境吗？这时候，我会看看冰山的照片，想起如果要成为人上人，必须具备哪些条件。

大部分的冰都藏在水面下，默默做着苦力把水推开，而水也同时往回推，让冰山漂在海上。只有那么一小部分露出水面，享受美好的景色。

一、阿基米德洗澡的故事有另一个版本：他想出浮力还可以用来计算固体的密度。因为太过兴奋，他光着屁股就冲到大街上。这基本上并不是个问题，我只想告诉大家这件事。请讨论。

二、如果阿基米德有个弟弟，身材和他几乎不相上下，但没那么健壮。那么跟肌肉男阿基米德比起来，他弟弟在澡盆里会更容易浮起来，还是更容易沉下去？

解答：阿基米德的弟弟会更容易浮起来。两人排开的水一样多，但是由于脂肪并没有肌肉那么紧密，因此赫斯基米德（这名字我瞎掰的）比较轻，也就更容易浮起（别忘了，他们俩的体型身材都一样，所以体积也相同）。

三、这其实是众人皆知却少有讨论的现象，说不定有助于大家更了解阿基米德泡澡的这则趣闻。虽然他的手和脚泡在澡盆里，但下腹部那凸出来的小玩意儿却浮着，还直直指着上方。这是因为发现了浮力原理让他十分兴奋呢，还是发生了什么状况？

151

解答：我们所讨论的那截凸出物（虽然有许多其他更常用的昵称）并不像手或脚一样有骨头，它是由海绵组织构成的（抱歉啦，这样讲不太美），因此它会比水轻。那块小小的凸起物所排开的水，比它自己的重量还重，就跟厨房海绵在水槽里会浮起来是一样的道理。没错，阿基米德的小老弟在澡盆里会浮起来。

★ 试着做做看！

一、到游泳池最深的地方，试试看脸朝上浮在水面。然后，搭机到以色列的特拉维夫，再转搭火车去耶路撒冷。订一间好旅馆、享受客房服务提供的薄饼卷，接着坐一小时的巴士往死海一游。下车前，记得先涂好防晒油，然后尽量游远一点，好让你能漂在水上。你在哪里会比较容易浮起？

解答：你在死海应该会比较容易浮起，而且在淡水里恐怕根本浮不起来。这是因为死海的盐分浓度非常高，使得你在海中所排开的水要比淡水重得多。还记得吗，阿基米德（看起来跟上帝超像的那个裸男）发现了浮力等于被推开水的重量。这部分水的重量越重，表示它往上推的力量越大。

二、去厨房拿一罐罐头或西红柿酱（或你拿得到的大约0.5千克的随便什么东西），还有一个塑料袋——不用太大。把厨房的水槽装满水。现在把罐头放进塑料袋，吹气。等它完全膨胀，再把袋口绑起来或封好，丢进水槽。预测一下吧，塑料袋会不会浮在水面上呢？

解答：罐头的重量差不多是0.5千克，因此往上推的浮力大约需要0.5千克，才能让塑料袋浮起来。为了达成这个目标，必须排开大概0.5千克的水。既然我们知道每立方米的水重量差不多是1000千克，把单位转换一下（用点简单数学），可以算出0.5千克的水体积大约有500立方厘米，差不多是两杯的分量。不用太过科学，只要在心里盘算一下袋子里可以装入几杯空气。如果足以容纳两杯的量，罐子加上塑料袋就可以浮在水上。

PART 14 〉〉〉

即使逃命也要很有型

流体

　　"实在太痛苦了！"路西铎教练跟我们讲解"潜水员病"时，一脸眉飞色舞的样子。他说，潜水员从深海的高压中浮上水面时，如果上升得太快的话，血里的氮气就会膨胀，形成气泡。"这种情况说不定会致命。"他又加了一句，脸上还是堆着笑。

　　显然教练并不适合传达爱人过世的消息。万一那些不幸的事情和物理原理扯上关系，他很可能会站在人家大门口，兴奋地解说桥是因为共振而垮掉的，或起火原因是电线某处的电阻过大、发生短路而引起了高热。心里悲伤的时候，才没人想听这种细节，更别说讲述的人嘴边还挂着大大的微笑。

　　教练告诉我们，在他设想的状况中，潜水员潜得越深，感受到的压力越大。压力的计算十分简单：水的密度乘以水面下的深度（如果你要算总压力的话，别忘了再加水面上的大气压力）。不管在新墨西哥州小小的泳池里，还是在密歇根湖，只要潜水深度一样，潜水员所承受的压力就会一样。

　　接下来，路西铎教练用一个实际例子帮助我们了解水压，可说是"吓坏驾驶"系列的另一集。他在黑板上边画边描述开车掉进水里的时候该怎么办，而我在想：怎样把这信息用在未来的人生当中？我很确定教练在课堂上并不是这么讲，但我听到的就是这样的。

当车子掉进水里，脑袋和鞋子千万要保住

有天晚上，你开车参加晚宴，为了闪避在马路上玩耍的小孩，方向盘用力一转，没想到直接开进了湖里，而且发现车窗全都打不开！这时别忘了，你已了解水压的特性，它将能帮助你安全又有型地逃脱。

如果不了解流体的相关物理特性，很可能会越弄越糟，反而陷入危险。

你不断拳打脚踢，嘴里还骂着脏话；不只如此，额头狂冒青筋、毫无优雅可言，连鞋子也弄坏了。总算打开车门后，虽然急着浮出水面，但刚刚已经吓得半死、累得要命、分不清上下左右，根本不知道该往哪个方向游，结果身体一边在水里挣扎，一边却不小心弄掉一只鞋。

终于，救难人员把你拉上了一只小小的橘色充气橡皮艇，这时你要不就是衣服往上掀起，露出大块肥肉；要不就是裤子卡在屁股上，连里头的内裤都被看得一清二楚。更惨的是，你一副惊吓过度的样子，不停发抖，只能紧抓着扶手，任凭小船驶近岸上的电视台摄影机，而前女友还刚好在当地新闻现场连线中看到你的蠢样。

幸好你对车子周围那些水压有所了解，如此一来，就能以优雅的方式处理这样的意外。你试着打开车门，但没办

法，于是很快决定改用 B 计划。车外的水急着想冲进来，好把里头的空间填满；不过它没有手可以开门，只好顽固地紧紧靠在车上，设法挤进来。

你知道水会把它所有的重量都压在车上，也知道水的重量大得惊人，还知道即使自己能做出一些让人印象深刻的瑜伽动作，仍然没有足够力量赢过水在车门外所施加的压力。你心里有数，水会透过车子内外各个没有密封的小孔渗进来，让水位逐渐升高。只要车子里的水够多，车子内外的水压就会差不多，你就有办法把车门打开。

在内外水压达到平衡前，你还有一些时间可用，就拿来准备逃脱吧。你脱下鞋子，用鞋带或其他什么东西固定在腰部，等到水位跟你的下巴差不多高，就是把门推开的好时机。车子里有水，车子外也有水，车门内外的水压都差不多，也就没什么阻力。你顺利地从车内逃脱，还不忘使出优雅的海豚踢！浮上水面后，再以长而缓慢的划水动作把身体往岸边带，而岸边早就聚集一大群消防队员，十分佩服地看着你的一举一动。你的行动迅速而有效，他们甚至来不及把那只小小的橘色救生艇拿出来。

你爬上岸、穿上鞋子（因为它们是整套服装画龙点睛的部分），把头发往后顺一顺，再让消防队用毯子把你包起来。电视台的人到了，架好灯光，把你的逃生经过以现场直播的方式传送出去，还加上字幕："穿着时尚鞋款的英勇驾驶员打败死神，救了孩童一命。"那孩子的母亲上前给你一个拥抱。记者提了几个问题，你说你并不认为自己是个英雄。如果"英雄"是指有谁为了保护年幼的儿童，宁可让自己陷入险境，接着又展现出科学知识的威力与临危不乱的冷静头脑，那么，没错，也许"英雄"这个说法可以客观地适用于这个状况。

会流动的，都是流体

讲到"流体"，我们通常只会想到液体——可以喝、可以在里头游泳、可以用来润滑引擎。但是对科学家和工程师来说，这个词适用于任何"可以流动的连续物质"。流体受到压力的时候并不会断裂，而是毫无怨言地改换成新的外形；按照这个定义，液体和气体也都是流体。同时，我们也以"黏度"来描述流体改变形状（形变）的能力：流体的黏度越高，抵抗形变的力量越大。你的手在水面一推，它很容易就换成新的外形，所以水的黏度低，但机油就比较难推开，所以它的黏度比水高（冷的机油黏度更高）。

机油是一种可称为"牛顿流体"的普通流体，当然，这名字是为了纪念牛顿先生（什么事他都要插一手）。蜂蜜也是一种普通牛顿流体。用刀子把蜂蜜抹开，它的黏度不会因为你施加外力而改变，不管多用力去抹它，蜂蜜各层次之间流布的方式都不会改变。只要蜂蜜的温度维持一定，它就会以线性方式抵抗施力。你推它，就会得到反应；你推得再用力，它都会以同样的方式响应。

另外有些奇怪的流体——一群无法预测行动的家伙，它们被贴上"非牛顿流体"的标签。这表示它们并不像那些正常的牛顿流体，会以线性方式反映压力。非牛顿流体，例如流沙或玉米淀粉糊，如果你用力打它们，它们就会变得比较不容易流动。事实上，当你一敲，流体内部各层之间的摩擦力就会大幅增加，使得那一整团流体的行为变得像固体（你可以从一大缸玉米淀粉糊上跑过去，不会沉。有够奇怪，有够不像牛顿）。至于西红柿酱，另一种非牛顿流体，情况刚好相反。我们施加力量的时候（敲打瓶底），各层之间会变得比较不黏，使得那一大坨西红柿酱的动作更像水，也就能顺利地从瓶里飞出来。牙膏也一样，稍微挤它一下，就会乖乖听话。可想而知，端庄的牛顿流体不会让它们的小孩跟非牛顿流体那种不可预期的家伙一起玩。

但是，非牛顿流体绝对可以抬头挺胸，以自己为荣，因为发明家正在找新方法，要将它们做成穿起来不会碍手碍脚的防弹衣，而且大厨们也必须依赖非牛顿流体来做许多人不可或缺的点心，例如烤布蕾和巧克力慕斯（毫无疑问的，这些点心绝对不可或缺。这是铁一般的事实）。

为什么机翼是弧形的

目前，我们还是专注于牛顿流体，也就是日常生活会遇上的东西：空气和水。很奇怪，和直觉恰巧相反，快速流动的流体，其压力要比速度较慢的流体低。路西铎教练要我们轻轻拿着一张纸的两端，轻轻吹气，让气流通过纸的上方，就能证明上面的说法。纸片会往上跑，被拉进空气流动比较快的区域。但如果想在家里证明这一点呢？路西铎教练打开一部吹风机，对着正上方吹，然后再拿颗乒乓球放入快速移动的气流中。那颗小球很神奇地在移动的气流里不停转动，左右两边各有一道高压气墙，就像隐形的柱子一样，让球在中间滚来滚去。

上到伯努利方程式的时候，一切关于空气、水和其他液体的问题都有了解答，而且全都顺理成章（当然有例外。如果空气的流速超过每秒 100 米，就必须使用更进阶的伯努利定律）。我就不在此详细解说伯努利提出的原理，只很快做个结论：

流体可具备三种能量，也就是速度、压力和（或）高度，彼此之间可以互相转换。举例来说，水从山上的湖泊输送到山下的城市。水的位置一开始比城市高，它有高度、有势能。随着水流入水管并往山下走，势能就会转换成速度。当城市里的配水管线都充满水的时候，它的活动受限，并因此累积一些压力。当你把水龙头打开，流出来的水也就会带有一点压力。如果你想把压力转换成高度，只要打开洒水器就行了。带有压力的水会往上推，洒在草坪上。

如果你觉得这些情况很熟悉，那是因为跟讨论势能与动能的那一章很像。嘿，你一定要去上上有关工程科学的课，我是说真的。我们需要更多工程师，而你有这方面的天分。就算你没有什么熟悉感也没关系。我觉得你穿的那件衬衫很棒，和你眼珠的颜色很搭。每位读者都有他的珍贵之处。

要看伯努利定律发挥作用，还有一个办法，就是搭飞机时，挑一个靠窗而且可以看到机翼的座位。只要盯着机翼，你就会发现：流经机翼上方的空气必须比较快，才来得及通过弧形表面。机翼上方的空气移动较快，就表示上方的压力较小。这又表示什么？机翼下的压力较大，就可以把飞机推上去啦！

生活物理学：有人帮忙，也有人帮倒忙

每次开始一项新的项目，就可以很清楚地看到速度与压力之间的关系。不管是要去波兰旅行，还是要拍电影，一旦有了初步规划并开始运作，高速带来的低压就会形成一个虚拟的空洞，引来各种批评、模仿、毛遂自荐。这是因为你现在动得很快，这些东西才有机会冒出来。心里要有所准备，不用管那些心怀恨意或扯人后腿的，但别忘了迎接协助者和帮腔的啦啦队。

如果你等待的是资金或是回馈，那么我必须告诉各位：自己要先有动作，才有办法拿到那些东西。你的想法和行动，会吸引你所需要的一切，但还是要靠自己踏出第一步。而且，一旦你向前迈进，一定会有人说风凉话："哦，你不可能找到什么好的摄影师啦。"或是："波兰？听说在那里开出租车的都是毒贩。"别怕，这是个好现象，表示你已开始朝着目标前进，而且速度够快，足以把想批评的人、想协助你的人，还有资金和前进所需要的任何东西，全部吸引过来。

干得好。千万别停。

一、以下哪个地方感受到的压力比较大？是直径 1.2 米、深 3 米并且装满海水的水槽里，还是加纳利群岛所在的大西洋海面下 3 米？

解答：如果水的密度一样，那么你所感受到的压力就会是一样的。在这些状况中，你身上的压力有：

1000 千克／米^3×3 米＝3000 千克／米^2

如果水槽里装的是淡水，水的密度就会不一样，你在海里所承受的压力就会较大。另一方面，如果温度的差别够大，足以影响到水的密度，那也会让答案不一样。无论如何，你所感受到的压力只跟水的密度（有多重）和所在的深度有关。但如果你在狭窄的水槽里会引发幽闭恐惧症，那么在加纳利群岛外海潜水会比较轻松。

二、室温下，何者较黏稠？

A. 黑咖啡或奶精？

B. 白兰地或伏特加？

C. 汽油或机油？

D. 漂白水或洗洁精？

E. 打火机油或白色油漆？

F. 汗或血？

G. 水银或巧克力糖浆？

H. 我有点担心，这怎么开始有点像是可能会在犯罪现场出现的流体清单。

解答：

A. 奶精比咖啡黏稠。

B. 白兰地比伏特加黏稠。

C. 机油比汽油黏稠。

D. 洗洁精比漂白水黏稠，但漂白水更能清除无法抵赖的证据。

E. 油漆比打火机油黏稠，但把证据烧了，比用漆遮掩更好。

F. 血要比汗黏稠，而且恶心得多。

G. 巧克力糖浆比水银更黏稠，也可以盖过死硬的金属味。

H. 真吓人。

加分题：以上各项配对中，黏度较高者，密度通常也较高，但是有某一对例外。是哪一对？

解答：水银的密度比巧克力糖浆大，但糖浆比较黏稠。水银是一种很奇特也很重的流体。

★ 试着做做看！

请一位朋友到家里来。开两罐汽水，在玻璃杯里放一些香草冰激凌，再倒入汽水。杯子里记得要放吸管和汤匙，和朋友一起享用漂浮汽水。接下来，把两只空罐放在一起，中间相隔约1厘米。你从杯中抽起吸管，问朋友：如果往两个罐子之间吹气，会发生什么事？他可能会反问你，干吗老是弄这些有的没的。别太在意。

假设快速移动的空气从两只空罐间通过，会发生什么事？不确定的话，就问自己："伯努利会怎么说？"（这句话我常拿来自问自答）他会说："速度快的流体所拥有的压力会比静止的流体小。"他还会说："吹气啦，快！"

你把吸管放在两只空罐间，吹气。发生了什么事？空罐互相靠近，还撞在一起！伯努利是对的！空罐之间快速流动的空气，压力比空罐另一侧静止的空气小。

这时，你朋友拿着他那杯漂浮汽水，早就不知晃到哪里去了。

165

PART 15 >>>

人生的混乱在所难免

热力学第二定律

　　高四的时候，我偶尔会盯着物理课本上爱因斯坦的相片，对这个人充满好奇。他的眼睛能看穿宇宙奥秘，微笑的嘴角可以解释神的想法，而且发型就像是去参加啤酒聚会时醉倒，结果被朋友用蛋白和吹风机恶搞过一样。这位谜一样的天才究竟是谁？他为什么无法解开如何使用梳子的难题？路西铎教练讲解过热力学第二定律后，我的问题全部得到解答。

　　升上高四前，我已经充分理解热力学第一定律：能量不生不灭，只会改变形态。我本人就是把重力势能转换成动能的高手，可以和我朋友艾咪从她位于二楼的房间窗台跳下来，却不会压坏她妈妈种的栉瓜；还可以对着无辜者的后脑勺发动多次准确的橡皮筋攻击，练习将弹性势能转换成动能（好孩子不要学）。

　　学会热力学第一定律所说的能量转换后，就可以进入下一阶段。路西铎教练接下来说的热力学第二定律，带来一个惊人的消息：混乱只会不断增加。这个世界的每个过程、活动、改变、颤动，都让它更没有秩序。还有更令人不安的呢，这些会增加混乱的活动是不可逆的。就像被橡皮筋射瞎的眼睛，没有机会重见光明。

　　为了让我们了解"不可逆"是什么意思，路西铎教练要我们想想大家都很熟悉的能量转换情况：木柴在火炉里烧。他问班上同学，如果木柴烧过了，该怎么做才能把它复原？我们可以试着反转燃烧过程，把它给我们的热能还回去；甚至可以用光照一照，把它给我们的光也还回去。但是不管怎么加热或用光线照射，那一堆可怜的焦炭都无法恢复原状，只会得到变热、照过光、烧得更透彻的木柴。了解热力学第二定律，就不用再多花时间烦恼怎么还原，还能让我们接受事实，继续向前。

　　平常聊天的时候，如果把日常的混乱称为"熵"，不但所有人都能接受，还会觉得富有诗意。但如果谈的是热力学第二定律，我们就要讨论"熵"对科学家还有工程师来说有什么意义。我们用一种十分特别的方式（而且是自我满足的方式）定义熵：系统能量无法做功的程度。换句话说，熵就是系统能量不受控制、无法使用的一种度量，而工程师最喜欢的工作莫过于控制热能，好让他随意使唤，这正是我们所钟爱的各种机器与发电厂背后的核心想法。我们采取的第一个步骤，就是运用煤、石油、天然气或核能制造蒸汽、推动涡轮。涡轮接着转动发电机，我们便由此取得电力。早期的热能转换是以蒸汽推动火车、轮船、牵引机，甚至是印刷机。但说实在的，我们无法充分运用蒸汽里的能量。

　　我们说"无法做功"，暗示着能量有"集中"或"分散"两种形式。如果我们有个装满蒸汽的金属槽，它当然可以推动小型蒸汽引擎的活塞。但如果我们打开阀门释放一些蒸汽，好增加实验室的湿度，那么从蒸汽而来的能量就分散了，除了提高皮肤的湿度，无法将能量供应给其他东西。

测量每个分子的动能（运动）会是件令人头疼的工作，因此我们用温度来测量分子的"平均能量"，而不是一一去测每个分子的能量。如果站在分子的层次看看这些蒸汽，就会发现有一大堆水分子以"之"字形的路径跑来跑去，互相碰撞。令人吃惊的部分在于：即使是处于某个稳定温度下的一缸蒸汽，各蒸汽分子的速度依然不尽相同。若把这些蒸汽分子的动能（和速度成正比）画成图，看起来就会和某个城市里所有人的IQ分布图很像：有一些跑得非常快，有一些跑得非常慢，还有一大堆速度普普通通的。

别睡在蒸汽烤箱里

现在我们已经确定了熵要怎么定义。接下来要举一个实例，帮助你了解即使你并非有意造成一场混乱，它还是会持续增加。

假设你去洗桑拿，在蒸汽烤箱里觉得昏昏欲睡，心想就这样睡着恐怕不太安全，于是在打盹前关掉加热器，还把门打开。结果当你醒过来的时候，不但冷得发抖，还发现自己紧抱着一条湿毛巾。隔壁房间稍微变暖了一点点，而蒸汽烤箱则变凉了许多——各个房间的温度都变得差不多。在温度平衡的过程中，其他房间里的分子能量获得提升、速度加快；而蒸汽烤箱里的分子能量因此降低，速度也变慢。整体说来，熵增加了，有用的能量变少。这当然跟我们有关，它牵涉如何运用能量以供应一人独享的蒸汽烤箱和蒸汽机。

麦克斯韦的分类小恶魔

19世纪中叶有位麦克斯韦先生，这位聪明绝顶、留着一脸大胡子的科学家进行了一场思想实验，想找出是否有什么状况可以减少熵（即使是想象的也好）。

麦克斯韦想象有个小人，把热（速度快）的空气分子和冷（速度慢）的空气分子区分开来。后来，他亦敌亦友的同行开尔文男爵把这个小人称为"麦克斯韦小恶魔"。

照麦克斯韦所设想的，把一大群空气分子关在隔成A、B两区的容器里，隔板上有一个小闸门，小恶魔的工作就是要负责把关，只让动得慢的分子通过闸门从A区前往B区，或是让动得快的分子从B区前往A区。小恶魔能得到这份差事，是因为即使在一堆热空气中，仍然有一些动作比较慢的分子；而在一堆冷空气中，也会有动作快的分子。

所以，如果有这么一种能隔开分子的小坏蛋，系统的熵就会减少。冷的部分会越来越冷，热的部分越来越热。小恶魔会把熵带来的混乱赶走，热力学第二定律就会变成热力学第二假说，到时候就会有一场游行，人们高举着布条，上头写着："再会啦，一直增加的混乱！第二定律破解了！我们自由了！"

在摆脱熵的控制而兴高采烈大肆庆祝前，再让我们仔细检查一下麦克斯韦的小恶魔。必须有什么东西供应这了不起的小家伙能量，它才有办法四处抛出小得不得了的套索，把动作慢的分子和动作快的分子隔开。因此，我们要帮小恶魔装个引擎或燃料电池或核子燃料，可是它无法充分运用这些能量。我们早就从其他引擎的例子学到教训，不管是那只小恶魔，加了燃料的机器，或是我们的身体，没有任何东西的能源利用率可以达到百分之百。举例来说，燃料可以让汽车的轮子转动，但同时也浪费了热量让引擎盖变热，排放热乎乎的废气，还搞出一大堆噪声。我们没有理由期待小恶魔能有更好的效率，所以即使有了小恶魔的专业协助，把高能量分子和低能量分子隔开，我们仍要面对系统总熵增加的事实。

麦克斯韦 48 岁就过世了，没有机会回答对他那只小恶魔的评论——反正他也不以为意。他做出这个小恶魔的思想实验，只是要让大家看到热力学第二定律所描述的事情并不是在玩文字游戏，而是把这些分子的行为做了个总结；而且，有只叫"麦克斯韦小恶魔"的虚拟生物实在很酷，老师可以跟他的年轻学生说，那家伙长得像龙，而且每天都会跟到学校。小朋友听了一定会信以为真。

宇宙的乱中有序

想了解到底什么是熵，不妨看个没那么科学的模拟。请小心你的脚步，我们即将进入极度非专业的领域。我只是想让大家看看如何定义熵，以及熵是怎么增加的。我们可以说，在妈妈肚子里成长的小宝宝，就是大自然展现其混乱无序的一种神奇方式。

某天睡饱午觉，你和太太在浴室里一起洗了好半天的澡，却不是因为忙着刮胡子或洗头发；或是在某个停电的冬夜，你们在床上抱成一团滚来滚去，全都是制造宝宝的好机会。在那之后，发生了一些令人难以置信的组织变化：一个小小人靠着细致的脐带逐渐成形，有小小的手指，而且很倒霉地有个像爷爷的大鼻子。这个过程应该违反了热力学第二定律吧？如果每件事都朝向混乱，这场超级精密的组织化盛宴该如何发生？

现在你往后退两步，看看更大范围的世界，就会发现总体来说，混乱度仍持续增加。准妈妈所吃的食物是靠太阳的能量成长的（一大堆食物，而且想吃就要吃到，不准任何人多说一句话）。准妈妈的身体吸收食物营养，用来制造婴儿的细胞，这整个过程都很没效率。终于，这个小小的奇迹愿意从温暖的小窝里出来，用初生的肺部吸入第一口空气，哇哇大哭。简单来说，光是把他制造出来就已经燃烧了一大堆能量，全部源自我们生活中最集中的能量来源，也就是太阳（感谢老天，太阳有很多很多能量可以用。它要花上几十亿年才能把这些能量燃烧、四射、发散）。

不可逆程序才能帮你保守秘密

假设你担任密探，拿到一张打印出来的纸，上面写着如何找到政府设在土耳其的情报站。这时你必须熟记哪些过程可逆，哪些过程不可逆。现在你已经把相关方位记住了，还在附近找了家餐厅，享用羊肉丸子配上无花果冰沙。问题来了，你是要把指令撕掉呢，还是烧掉比较好？哪个才是真正不可逆的程序？

就算只是政府雇来的实习生，只要把他关在一个不见天日的碉堡里够久，就有办法把一堆撕碎的纸片拼回完整的纸。然而，花再多力气也无法让一张烧毁的纸还原成本来的状态，即使是把散发出来的热和光等能量还给它，纸和上面画的地图还是无法回到刚刚可读取的状况。能量以混乱无序的方式燃烧、四射、分散，根本不可能重回秩序，所以撕掉这个选项就出局了。比较好的方法是：在旅馆的厕所里很快把纸烧掉，并且在烟雾探测器启动之前丢进脸盆冲走。你不需要整个房间泡在水里、警示灯还会一闪一闪的那种混乱，只要够用就好了。

生活物理学：驾驭混乱无序

如果想应付无法避免的混乱，重点在于：培养正确的数量和种类。把你的努力投注在不可逆的程序上，让它们为你所用，并且把无法避免的混乱导入不会对你造成伤害的地方。

只要用到能量，混乱就会增加。该怎么做，才能让它们乖乖听话？难道你的生活一定要很混乱，一次比一次疯狂，到最后还必须改名换姓逃到国外去才行吗？热力学第二定律所附的小字说明会帮你指点迷津：适用于封闭系统中。你可以画一条小小的虚线，把任何系统围在里面——宇宙、行星或纽约市的某一个游戏场。如果你把系统定义为自己的人生，就可以暂时把混乱导入人生中某个你不太需要在意的位置。

有些人在人生某个阶段会希望自己过着极度混乱的生活。我的理论是：即使我们不知道热力学第二定律的确切名称，但出于本能，我们依然了解宇宙中的乱度必须增加。为了人道理由，轮流或许是个很公平的方式，全心全意投入失序的生活，平衡其他守秩序的家伙应该制造出来的乱度。但不管什么情况，太积极拉拢混乱还是很危险的。当你把前女友的个人物品全扔进前院生起的火堆时，随着远处的警笛声越来越清晰，你心里的感慨也会越来越深。

坐着颠簸的小飞机飞越阿拉斯加冰河，第一次以戏剧制作人的身份参加令人不安的开幕夜，或是想为最要好的朋友做虾汤，结果却把厨房给毁了。有了这些经验后，我已经学会如何让激动的心情恢复平静。我知道人生如戏，不如意事十之八九，生活就是充满混乱。熵不管怎么说都行，我宁愿让它像位受邀的客人，在桌边占一席之地，却不希望它像个不速之客，总在奇怪的时间或地点来访。

我花了一些时间区别什么是好的混乱，什么是不好的混乱，而现在光是用闻的，就能分出两者有什么差别。危险、没有生产力的混乱，闻起来就像不小心被烟头烧到的塑料沙发；好的混乱闻起来则像是海边那根被雷雨浇熄火苗的漂流木。它们都散发出类似的烟味，却各有特色。只要勤加练习，你也可以大老远就嗅出两者的不同：一种阴沉而油腻，另一种清新而蓬勃。

为了确定混乱知道我有条件欢迎它进入日常生活，我把口香糖包装纸、苹果核和加油收据全扔在副驾驶座的地板上。而且我这么做的时候，还故意虚张声势，好让掌管熵的女神注意到我已经献上祭品。我让生活中这小小一块区域成为众人皆知的尴尬灾难。

如果有谁对我无法保持车内清洁感到不以为然，在上车前瞪我一眼，我也只会轻轻耸耸肩，表现出一副无能为力的态度。我想用这个动作告诉乘客：没错，我就只能做到这样。要车子变得更整洁？不可能。拜托，坐好、系上安全带可以吗？这些空咖啡杯可以当成额外的安全气囊。我拒绝用不诚恳的道歉让自己奉献给热力学第二定律的这些贡品失去价值。

请让我人生这块小小区域保持混乱，让我在这小小宇宙里遵循热力学第二定律，我已经帮熵找好一块无关紧要的聚会场所。就像爱因斯坦，在他脑子里，整个宇宙都井然有序。他想了解宇宙里的各种作用力之间有什么关联，在大爆炸那瞬间如何产生这些作用力；他想为组成原子的所有东西找到定义，还想量化它们的性质。他忙着整理整个宇宙，而里面有好多东西等待厘清、等着被驯服。光是要问对问题就够难的了，更别说要把答案化约成简洁而优雅的公式。所以，他让混乱驾驭一部分的日常生活而且用不着解释或对其他人感到抱歉：他把那一头乱发献给掌管熵的神祇。那家伙真是个天才。

一、热力学的第一和第二定律都出现了，不过还有个来不及取名字的假设，说不定可以称为"热力学第零定律"。内容是这样的：如果两系统各自与第三系统达到热平衡，那么这两个系统也达到热平衡。

这样说可能对第零定律有点冒犯，毕竟这个名字已经够尴尬的了。按照以上说法，如果A和B都很像C，那么A和B便彼此相像。很显然的，科学家必须用它来厘清一些与热性质有关的事情。让我们想想看那些再明显不过的第零定律。

A. 第零运动定律会是什么？

B. 墨菲第零定律呢？

C. 报酬递减的第零定律。

解答：

A. 如果某物体处于运动状态，那它就在动。

B. 如果某件事可能出错，那它也可能不会出错。

C. 如果你不做点事，就绝对无法有所收益。

PART 16 》》》

光速与音速也能救你一命

波

高四和朋友在一起喝啤酒的时候，我应该已经知道这辈子会爱上物理学，因为我坚持要大家先用啤酒瓶吹出声音，喝了一口之后再吹，就可以发现音高变低了。当瓶子里的啤酒变少，所能容纳的驻波就会变长，声音的频率因此降低。

对了，必须先提醒大家，如果你还未成年，但心想"作者念高中就开始喝酒，结果也没怎样，我也要这么做"的话，请你再考虑清楚，酒精会让你的皮肤变差。

凯丽打开车门，震耳欲聋的喇叭放出轰炸机合唱团的曲子，其他人很难听见我在讲什么。我扯开嗓门大吼，好向大家解释频率与波长成反比。

把音乐再调大声点，我用车子挡泥板上累积的灰尘画出正弦波，帮助大家了解手上啤酒瓶的空间如何决定声音的频率，振幅（波的高度）如何决定音量，而频率的大小又如何决定音高。接着，我画了一把吉他，弦还在振动呢，让大家看到按弦的手沿着指板移动，缩短弦长时，弹出的音就会更高。如果他们能花心思比较我画的两个图，就可以见到在瓶里弹来弹去的空气，和越来越短的吉他弦有什么相似之处。结果凯丽叫我别再画了，因为她不希望我把她的车子刮花。

朋友们早就习惯，因为我只要喝一杯啤酒就会做出这种事，但没有半个人愿意花时间研究一下我的图解或公式。真没礼貌。随你怎么说。有的人就是不知珍惜科学讨论和免费家教。我依然认为波的形成和行为十分迷人。

波的诗兴

如果把小石头扔到街上，你大概看不到什么波。但如果把那颗小石子丢进金鱼池，就能见到波以石头的入水点为圆心，慢慢往外扩散开来。然后，你就可以写一首美好的诗：

小石落
轻啄蓝色池水
生出波纹，散开

一块石头掉在街上，绝对不会激发出灵感。如果不是掉到水里，就不会有波，也就没有诗句。

就跟小石头推开水，形成涟漪一样，如果你用脚使劲蹬一下，就会推动空气造成声波。空气是一种如诗般的介质，是个可以传播声音的东西。比如说，有个啤酒瓶在你最好的朋友家门前砸成碎片，砸酒瓶的动作以波的形式推动空气分子，然后挤压他老爸的内耳，让这位爸爸穿着睡衣站在前门，下定决心再也不让你进他家大门（除非要帮你朋友写化学作业，而且就算这样，也要有大人在旁边监督）。如果有个啤酒瓶砸碎在车道上，却没有空气传递声波，那就没人听得到。不过现实生活中是有空气的，所以关于派对地点的关键讨论也就必须隐秘地在化学作业簿上进行。

多普勒的鸭子

在日常物理现象中，我最爱的要数"多普勒效应"，也就是警笛或火车的哨声在经过身边时，音调会改变的现象。这一名称是为了纪念病态但帅气的奥地利科学家多普勒。一开始的音调高，随着汽车或火车远离我们身边而降低。当你听到"多普勒效应"的时候，最简单的方式就是看看池塘里的鸭子。鸭子划过水面的时候，它前方的涟漪会挤在一块，后方的波则会比较松缓。

救护车的警笛也会发生同样的情况。救护车往前疾驶时，由警笛发出的声波会比较密集，而它后方的波间隔较宽。声波的波峰彼此靠近时，耳朵听起来就是比较高频的声音。如果波峰间距变大，我们听起来就是较低频的声音。

多普勒做研究的时候，已经知道光是一种波，就像声音一样（事实上，光也是"粒子"或"能量包"，它拒绝任何标签，一副"我想怎样就怎样，你管不着"的样子。后面会再讨论）。光的频率决定它的颜色，而波的振幅决定亮度。直觉上，把色彩的色调和亮度与声音的频率和音量画上等号，是说得通的。我们可以看到的七彩颜色，就是从较低频的红到较高频的蓝。同样的道理，对着你开过来的警笛声听起来比

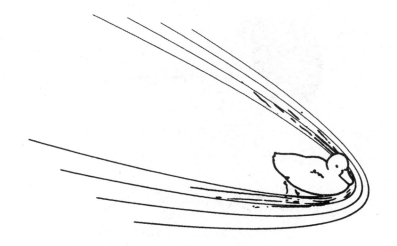

较高，远离时听起来较低。多普勒的理论指出，光靠近或远离观察者时，频率会改变，颜色当然也就跟着变。如果这是真的，当星体远离我们的时候，看起来就会比较红。

　　波与波之间的距离越宽，表示频率越低，就像划过水面的鸭子背后，或离你远去的警笛声。透过我们的眼睛来看，频率改变，就是颜色改变；频率越低，看起来越红。对着我们加速而来的星体，会因为光波挤在一起，让频率更高，所以看起来是蓝色的。

　　用声波很容易就能确认多普勒的理论，但是必须花三十年才能证实光波也有多普勒所说的红移及蓝移效应。当你接受多普勒的理论后，如果再以爱因斯坦的相对论来理解，事情就会变得更有趣。拉长的时空之类的东西会让你忍不住抬头看着天花板，思索起人生的真谛。

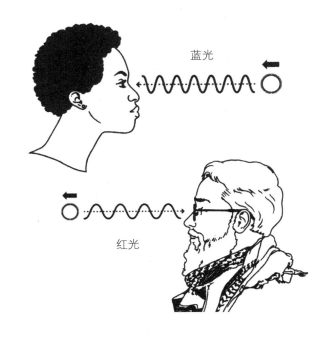

蓝光

红光

这么说不是没有理由的。如果你对现代物理没有什么认识，那你可要准备好了，本书最后几章可能会令你坐立难安，或刚好相反——觉得深受启发。读完相对论和次原子粒子后，你说不定会办一场盛大的跳蚤市场，卖掉所有家当（包括脚上的鞋子）后，光着脚丫到修道院出家去也。

炸弹离你有多远

声音以每秒 340 米的速度前进，光每秒则可前进 299792458 米，完全不能比。如果要赛跑的话，声音一定会输得很惨，连光的车尾灯都看不到。

假设你有机会去做战地记者，要报道一个美丽而有充足武装的城市里逐渐壮大的反抗军，有一点关于声波的知识，对你来说会很有用处。

你正对着摄影机讲话，回答摄影棚内头发梳得整整齐齐的主播所提出的问题，讲解最新的发展情况。就在这时候，有颗炸弹落在你身后的古老葡萄园，主播也许会问："炸弹离你有多远？"你的直觉反应也许是："有够近的！我得赶快离开这儿！"但你很快想起来，观众还要靠你以冷静的头脑评估情势，帮助他们理解一个历史悠久且政治情势错综复杂的地区冲突是怎么一回事。

如果你这次任务成功，说不定就能走上康庄大道，往舒适而且离炸弹很远的直播节目主持人大位前进。于是你对主播说"目前还不清楚，不过之后可以再回报"之类的话。接着，你用一些优雅的辞藻耗时间，一边闲聊这地区的历史，一边若无其事地放眼在葡萄园里找。

等你见到下颗炸弹的火光，就在心里开始读秒，直到听见轰的一声巨响。你知道声音每秒可以跑 340 米，而火花和声音之间隔了 2 秒。很快来点心算，冷静地告诉主播先生爆炸地点距离你差不多有半千米再多一点。下一颗炸弹落地，从看见火光到听见轰然巨响之间只隔了 1 秒，于是你很镇定地说："那一颗大概是在 400 米外。我们必须找些掩蔽。"等到确定麦克风关掉后，现在你可以大声抱怨："这里的防空洞在哪儿啊？"

★ 物理练习

一、你和一位休假的芬兰海军陆战队队员进行越野滑雪、十字弓和喝酒比赛，优胜者可以得到一大把欧元，还有一艘巡逻艇。两回合下来，你在滑雪和十字弓的部分表现还算不错，可是在喝酒那项，那小子喝光啤酒的速度总是比你快得多。你怀疑他的酒瓶装得比较少，也许他队上的朋友已经帮他先喝掉一些，好让他一开始就抢占先机。由于酒瓶是深色的，没办法看到酒的高度，这下子你要怎么查出他们有没有作弊？

解答：下一圈滑雪和射击的时候先用冲的，抢在芬兰佬之前来到摆酒的地方。大口喝酒前，先往你的瓶口吹出声音，然后吹他那瓶。如果他那瓶酒发出的声音比较低，就表示有人先偷喝了他的酒。这芬兰佬是个骗子，下一圈他得蒙着眼睛滑雪。

二、你趁着国庆假期带两个侄子出去玩。你以为点心准备得够多，足以让五岁和七岁的小孩高兴好几个钟头，可是他们很快扫光大包干酪条、动物饼干还有一大盒果汁（到底是怎么办到的？他们个头那么小）。你的计划是带他们去看烟火秀，那里会发免费的热狗和冰激凌给小孩子。

路上挤满了人，大家都听说了热狗和冰激凌的事，所以车子大概只能以时速 8 千米前进。你知道要开到有热狗的地方至少还要 15 分钟，但是等到那时候，两个小孩早就抓狂了。为了决定是不是要来个大回转，改去快餐店买晚餐，还是撑下去参加热狗派对，你算了一下从看到烟火到听见声音过了 4 秒。如果交通状况依然不变，你还要开多久的车才能到那了不起的儿童喂食区？

解答：声音每秒可跑 340 米，从看到火光到听见声音花了 4 秒，结论就是你们离喂食区还有 1.36 千米远（不要花时间去算光跑到你这里要花多少时间，差不多只用了 0.000005 秒吧）。以时速 8 千米来计算，1.36 千米要花 10.2 分钟。你一定办得到。做个深呼吸。放心，等你老了，这些侄子会照顾你的。等到那时候，就换你为了动物饼干被吃完而抓狂尖叫。哦，生命的循环真是美妙。

★ 试着做做看！

一、找间乐器行。走进去，挑一把吉他。一手压住指板，另一手拨弦。现在，压着指板的手指在弦上滑动，音调会变高还是变低？为什么？

解答：如果你玩过吉他，应该很快就会知道答案了。我在解释这题的时候还可以好好练一下独奏。手指往下移动，有效弦长就会缩短，等于缩短弦振动所产生的波长。你知道波长和频率成反比，所以频率就会增加；频率较高，表示你得到的音调也更高。

二、继续待在乐器行里，对店员说你想试试麦克风和扩音机（对啦，就是喇叭）。趁店员走开去摇铃鼓的时候，手上拿着你的麦克风，然后让喇叭位于身后或脑后。现在使出吃奶的力气，用你最大的音量、最高的音调来唱，会发生什么事？为什么？

解答：会非常大声，而且还会越来越大声。你对着麦克风嘶吼的时候，喇叭将你的声音放大，然后又进到麦克风再放大，如此反复循环下去，直到声音大到让人痛不欲生！

想要停下来，就必须将喇叭的电源全都关掉。如果你无法马上伸手够到音量调整钮，至少要记得移开麦克风，别在喇叭旁边唱。如果想了解为什么会出现这种反馈，只要看看"扩音器"这个词就知道了。扩音器接收声波，把声波放大——让它们的振幅更大。频率并没有改变，只有振幅变了。所以声音虽然变大，但音高还是相同。

PART 17 〉〉〉

一飞冲天需要累积能量

物质的相变

　　"只不过是一个阶段。"到了青春期，姐姐和我的行为开始大幅脱序，妈就是这么安慰查克的。突然有了两个青春期的女儿，查克尽他所能，想追上我们变化不停的品位和思考。某个星期，他收集的唱片成为我们嘲笑的目标，而且他的打扮真的很土。过了几个星期，我姐的音响放着查克的滚石乐团专辑，我还穿他的牛仔夹克上学。有个年轻的继父就是有这个好处，他没有老到让我们觉得万分尴尬，像其他人的爸爸那样。后来的问题则是我们要他把胡须剃掉。上个月看起来还蛮顺眼的，现在突然觉得太像 20 世纪 70 年代初期的新手警察。

　　安尤金修女并不觉得我的复古牛仔外套有什么稀奇。我走入中庭，经过她身旁，她突然伸出右手一把抓住我的上臂，力量之大，让我以为她之前是不是出了什么意外，结果在右半身加入了机器组件呢。我一边等她和法文老师说完话，一边在想，以前上健康教育课的时候听说过，止血带如果绑得太久没有松开，肢体就会因为缺血而坏死，只好截肢。最后，我全身而退走出中庭，除了牛仔夹克。

　　我妈很淡定，外套违反制服规定，偶尔把几绺头发挑染成绿色，或是把英式迷你小比萨一个个塞进肚子里，好像怎么也吃不饱，全都用不着大惊小怪。这只不过是一个阶段，我终究会跳到另一个阶段，或回到之前的阶段，可是长期来看，我还是同一个人。

变来变去的同时，我也在尝试各种想法，一个换过一个，在不同阶段里循环打转，等不及要变成大人。我好想得到自由，虽然我并不十分确定"自由"是什么意思，但我希望会跟黑色摩托车有关系。

当我们情绪和风格的变化快得让人搞不清楚的时候，查克会躲进车库找件事做，例如自制霰弹枪子弹，或是读《阿拉斯加里程碑》旅游指南，把可以加天然气、洗热水澡的中途站全都用笔圈起来。

就跟一直在不同阶段之间换来换去的青少年一样，元素和化合物不但可以冻结、熔化，还会蒸发。它们的外形从固体变成液体，再变成气体，但不管处于哪个相位，仍是同样的元素或化合物。即使我们认为某个元素是稳定的固体，它也一样有熔点和沸点。银在 961.7 摄氏度（热到爆）会熔化，如果你能提高到 2162 摄氏度（热到呆掉），银就会沸腾。如果你努力让温度低到零下 210 摄氏度，摆明了是气态的氮气就会凝结（如果你所在位置的压力跟海平面不一样，这些温度会稍稍有所不同）。它们没有哪个是恒久不变的，改变温度和压力，银或氮就会很乐意转换成另一个新的状态。

水发生相变的温度范围，就在人们的日常生活经验内。我们都见过冰融成水、水沸腾变成蒸汽，还有这些变化的另一面——冻结与凝结。别被这些相变的名称搞糊涂了。固体溶解成液体，液体沸腾成气体。如果液体恰巧是水，当它沸腾的时候，我们就把它所产生的东西称为蒸汽或水蒸气。如果换个方向由气体变回液体，就称为凝结，或许还会把得到的液体叫露水。话说，工程师在讲不同状况的"露点"时，听起来简直就像古早浪漫派诗人在描述乡间的清晨似的。

沸腾的水温度不变

既然水的相变可以在厨房里，以一般工具所能加热的温度发生在我们眼前，我们就还有机会管管水的闲事，在它相变的时候跟着搅和搅和。如果你把温度计插进沸水里，会发现不管把火开得多大，水的温度都维持在 100 摄氏度。你想加多少热都没问题，但不会让任何水分子变得更热。水把所有从炉子传来的热能全都拿去转变成为蒸汽，因为要进行相变，是个相当耗能的程序。

之前讨论浮力时曾经说过，水是一群紧密交织、有组织的 H_2O 分子。它们之间的联系十分紧密，还有良好的家族价值。对水分子来说，离开这个群体是十分重要的一步，想要转变成蒸汽，必须在起飞前来个规模极大、极具力量的助跑。原子或分子从液体转成气体所需的那一堆能量，可以称为"汽化焓""蒸发焓"或"汽化热"，这些称呼都是用来描述打断水分子的分子键结所需要的能量。

当水分子聚集能量四处游走，准备好做出分离的重大决定时，水面的空气分子会以原有的大气压力往下施加压力，因此水分子需要克服与其他水分子的键结，还有在水面上的气压，它才能准备好一跃而起，迈入蒸汽阶段。

这时，假设这锅水刚好位于某座山区的滑雪小屋里，也就是海拔比较高的地方，压在水面上的空气分子就会比较少。空气的压力较低，水分子要单飞变成蒸汽也就更容易，水就会在较低的温度沸腾。一旦开始沸腾，水温就会固定不变。换句话说，如果你滑了一整天的雪，回到小屋后想煮点意大利面，就必须让面条在锅子里再煮久一点。

假设在一个良好、封闭的环境里，一旦有个 H_2O 分子跨出这重大的一步，由液体变成气体，温度就会继续攀升；当不再有液体把能量用于相变，那些热量就可以让蒸汽变得更热，水蒸气们就会从一般蒸汽升级为过热蒸汽。工程师都喜欢过热蒸汽，因为它可以塞进更多热量，也就意味着有更多能量，可用来转动涡轮叶片或做其他有用的事。而且，因为它的温度比水的凝结点高，所以即使损失了一点能量，也不会变回水，把我们的贵重机器弄得一片湿淋淋。

我知道你在想什么，你在想："如果水分子必须聚集足够的热能才会变成蒸汽，那么水没那么热的时候，也就是平常所见的蒸发到底是怎么一回事？水还没沸腾就发生相变，成为气体？"问得好。哇，你真的成了科学家。你这个深思熟虑的问题可用一个重要的词来表达：多样性。

即使是关系紧密，且相当一致的水分子社群，还是有些分子动得比较慢，或比较快。别忘了，如果检查每个分子究竟带有多少动能，就能得到一个钟形分布，能量较低（较慢）的分子在一端，而能量较高（较快）的分子在另一端，大多数的分子则会落在中间。

这些跑得比较快的分子，比其他分子更麻烦。老师会形容它们"上课不专心"，而且"老是分心看别人在干什么"，事实上它们只是拥有很多能量罢了，多到只要有一点点热加进那群水分子，这些特别的分子就会分离成蒸汽，即使其他的水都还没沸腾。

其他分子绝对不会承认它们很嫉妒，嫉妒有些人就是能比别人早一步一飞冲天，不用等待漫长的沸腾、不必一直说再见，只要轻轻一跃跳到空中，就汽化啰！不过话说在前面，如果从分子层次来看，分子们一直都是推来挤去的，所以单一水分子的能量有可能一下子高，一下子低。

水分子的相变就是当你洗完澡，一脚踏出浴室会冷得打战的原因。当你裹着毛巾的时候，这些高能量分子已经发生相变，由液体转变成蒸汽，它们正在蒸发。蒸发和沸腾的不同只在于并不是所有液体分子都历经改变，只有表面跑得比较快的那些分子产生变化，一点点能量就能让它们转变成为气体；至于"较慢的分子"意味着能量较低，在我们皮肤上的感觉就是"比较冷"。现在你的身体就是炉子，提供能量让水分子转变成为蒸汽。它们从你身上偷走热能，好跨出个人的一大步，让你光着身子发抖。虽然有点不太礼貌，但那些动作比较快的分子就是这么回事。

在皮肤上擦酒精，感觉起来要比水更冰凉，这是因为酒精分子比水分子更"不安于室"，也就更容易由液体转变成为气体。跟键结较强，重视家庭价值，也更关心社群的水分子相比，酒精则是一整群能量很高、容易蒸发的叛逆小子。所以当你用酒精擦拭手臂，或是一杯伏特加不小心翻倒在大腿上的时候，这些只需要一点点能量就能起飞的酒精分子会一起说："拜拜啦，逊咖！"在你皮肤上留下一股清凉感。

老派的冷却法

和古人所用的冷却系统比起来，现在我们用来冷却拥挤的健身房或塞满计算机的办公室的系统非常新奇，不过用的还是同一个观念：蒸发冷却。从关键词"蒸发"可以知道，冷却是利用相变——液体转变成气体。为了达成目标，液体需要一些能量。蒸发系统强迫某种液体从空气中偷走能量，好让它从液体一跃变成气体，将空气冷却。

在大热天里，古代那些聪明的波斯人或印度人会在走廊上挂一张草席，让热空气有地方消耗热量。当一阵风吹过草席，里头的水蒸发，相变的同时也会顺便带走空气里的一点能量，进入屋内的空气就会稍稍清凉一些。也许这些热过头的古代人未必知道发生了什么事，但他们知道屋内环境因此更加舒适。埃及的画作也显示出仆人会用扇子扇很多装了水的罐子，移动的空气可以促使水面的分子蒸发，留下来的水就比较凉，而扇风也有助于皮肤上的汗水蒸发。嗯，大家都很满意，除了那些仆人，肩膀好酸啊。

生活物理学：个人的相变

从青春期到成人的相变，只花了几年时间，但感觉起来却像是好几十年。就像每个高中生一样，我相当确信自己要比爸妈聪明得多。查克曾经去过越南、柬埔寨、以色列，还会西班牙语和一点希伯来文，这都算不上什么。我妈曾经是位空姐，跑遍全国各地，当颓废的年轻世代还忙着在咖啡店里博取掌声的时候，她已经自食其力在旧金山过日子了。但不管是其中哪一个提出建议，我还是会翻白眼。我一直在等，等到哪天他们会承认我真的更聪明、更酷。

也许我们可以拿一件小事来说说，这样你就会了解。

我跟妈妈说，我好想上大学、拥有自己的宿舍房间、每天都穿牛仔裤去上课，但是她说这种事会在不知不觉中实现。当时的我也跟之前一代又一代的青少年没什么两样，每天都接受爸妈的协助，却从来没表示什么感激。妈妈会帮我打字、订正拼写错误、加上标点符号。查克每天天还没亮就起床，开一小时的车去上班——修理汽车，要到我吃完晚餐很久后才回得了家。他每隔两星期就会把薪水交给妈，拿去付房租、账单，还有我的高中学费。周末他不用上班，有时会趴在客厅地板上，把热敷或冷敷袋放在背上。

我做作业的时候，查克会在我们的圆橡木桌上吃他迟来的晚餐。晚餐过后他会跟我一起用功，翻阅他的专业工程证照考试秘籍，上头沾满机油印和咖啡渍。我很专心地想赶快把作业写完，这样就可以打几通重要的电话，弄清楚哪几个田径队的女生在和足球队的男生交往（这些门第相差太远的浪漫关系，最后往往以失败告终）。

有天晚上在餐桌边，查克问我一些他正在念的东西，他搞不懂描述热力学循环的数学。我不懂什么热力学循环，可是数学我会。我教他怎么交叉相乘，消去，然后求出答案。他照着我所说的做，但在此之前，都是他教我。他很认真地教各种重要的生活技能——怎么钓鱼、用电钻、针对敌人的咽喉使用肘击。教他东西让我觉得好奇怪。

坐在他旁边，看着他把数字写下来，仔细一看，才发现手掌的油污底下布满伤痕。有时回家用过晚餐之后，妈会拿镊子把他手里的金属碎屑夹出来。这是我这辈子第一次为他担心，过去我一直在担心妈妈，因为她有癫痫的状况，如今我却以另一个角度为她和查克烦恼。我在想，如果查克太老，或是背痛太严重，没法钻到车底下修引擎，那该怎么办？

在查克和我妈结婚、收养我和姐姐前，我们的房子已被法院拍卖了。屋子前也常有警车或救护车停着，因为我和姐姐不知该如何处理我妈的癫痫，只要她一发作，我们就只能报案请人来帮忙。我们常常跑到隔壁借鸡蛋，借口说要做饼干，其实是急着下肚当晚餐。家里会有社工人员来访，检查我们的厨房，确定家里有锅碗瓢盆，可以好好使用食物券。

是查克让一切都变得不一样。现在我们这间幽静的小房子外面有忍冬花爬上围墙，享受着他一举扛起的生活。他才三十三岁。我第一次觉得他似乎有点累了，看着他用满布伤疤的双手在橡木餐桌上写二次方程式，我知道他没办法永远扛着我们。

我必须靠自己，说不定还得扛起查克跟我妈。我姐曾经念过大学，但待了没多久。全家人都要靠我了，我知道该怎么做：首先我要拿个学位，然后帮妈和查克，让他也去读个工程学位。

这是我从女孩转变成大人的开始。变成大人并不是把爸妈抛开不顾，而是知道自己对他们有责任。我在教育程度上已经超越了他们，我必须利用这项优势帮助他们。我知道为什么要追求好成绩、上大学，还要选个主修、挑到好工作。他们从来不曾要我提供支持，但在那个时刻，当我开始变成大人的时候，我知道自己只想做好准备。

就像是沸腾的水温度不会上升，也没什么测量得出来的立即变化。妈和查克依然帮我付高中学费和大学的学费，我还是把成绩单拿给他们看，不管是谁提出建议，我还是会翻白眼。但现在我已经知道：他们需要我，我必须发挥智慧、必须出人头地。

高三快结束的时候，我不再期待自己成为大人。我提出入学申请，还仔细研究不同四年制学位的起薪如何。屡试不爽，只要我不再张望等待，水就会整个沸腾起来。

一、如果你有一罐液态氮，你想在它逐渐升温的同时尽量保持在液态，你应该降低还是增加罐内压力？

解答：施加高压在液体上，会使得分子更难从液体转变成气体。面对较高的压力，分子需要更多能量才能进入气体状态。换句话说，要到更高温才会沸腾。因此，把液态氮保存在高压系统内会提升它的沸点，就更容易维持在液态。提高压力吧！

二、现在你已经知道水是怎么在皮肤表面蒸散的了，那么，请解释一下：干燥的空气为什么比潮湿的空气更加舒适？你流汗的时候会发生什么事？

解答：热的时候，你会流汗，汗水会蒸发进入周围的空气里，而蒸发的过程会从你身上偷去一丁点热，让你凉快一点。干燥的空气要比已经塞满冷凝水（也就是湿度高）的空气更容易吸收水蒸气，而汗水在干燥空气中的冷却效果也比较强烈。而且，湿气会弄塌你的头发，让你觉得浑身无力，当你觉得浑身无力，炎热的一天就更热了。这是有科学根据的，不信去查查看。

★ 试着做做看！

假设你到澳大利亚徒步旅行，想享受一段心灵假期，好让自己放空，你一定会想知道如何利用水的三相变化取得一些干净的饮用水。最好在还没渴得发慌、把岩石看成一只凶巴巴的小狗之前，先练习一下吧：

拿一只大碗、一只小碗、一块小石子还有些保鲜膜。先在大碗里放十多厘米高的脏水，再把小碗放在大碗里（一样开口朝上），然后用保鲜膜封住大碗，最后再把石头放在保鲜膜上正中央的位置。现在把整套设备放在大太阳底下。水会蒸发，附着在保鲜膜上，然后溜下来到中央最低点，滴进小碗。水蒸发的时候，就会把脏东西留在原处，得到的就是可口的干净饮水。

你知道要怎么用两只碗和保鲜膜做出小型净水器了，不过真正的挑战在于用更不显眼的东西来做。你有一块压克力板和一个旧浴缸，能不能派上用场？你需要有个容器装脏水、一个有弹性的表面让水凝结在上头，还要有一个地方让水能流下来收集在一块。

　　加分题：如果原本的脏水里有汽油，这个蒸发式净水装置能不能得到干净饮用水？

　　解答：不行。蒸发的水会把灰尘和杂质留下，但是汽油的沸点比水低，所以会蒸发并滴入你收集清水的容器。这个蒸发法只能用来分开沸点比水高或不会沸腾的东西。

PART 18 >>>

爱迪生与特斯拉的启示

电磁力

在路西铎教练跟我们解释电流之前，我已经有种感觉，不论遇上大小事情，都可以用物理定律来理解。人生就像是一间大型物理实验室，宇宙里任何突如其来的事件，追根究底都是相同的关键概念——有一个力作用在物体上（由原子所组成），使得物体产生反应。即使电流和原子里的电子有关并不是什么重大推论，但是我能在教练画出小小的电子移动图前就正确猜到这件事，还是让我觉得自己真是很聪明。

一般而言，这些电子（带有负电）是绕着原子核（带有正电）打转的，除非有什么诱因让它们开始从这个原子跳到另一个原子。而其中一个诱因就是由聪明的人类发明的，那就是电池。汽车电池里，一边是富含电子的材料，另一边则是电子不足的材料。把两边相连，电子就会游过电解液，冲向电子不足的那块板子。电子只要发现附近有一群带着正电的质子，就会控制不住。它们争先恐后互相推挤，就像年节采购的人为了抢购最后一部凯蒂猫爆米花机一样疯狂争夺。这股单一方向的狂潮就会造成电流。

用来传导电流的电线通常用铜制成，它是原子界的导电度冠军。铜有 29 个质子和 29 个电子。这些电子里，有 28

个十分惬意地窝在它们的轨道里（或者，更正确地说，是能阶），绕着原子中央的质子与中子打转。第29个电子是长期房客，算不上是这紧密大家庭的成员。在一条铜线里，格格不入的那颗电子并不特别忠于哪个原子，它会在原子之间弹来弹去，而且总是会有其他四处流窜的电子取代它所留下的位置。电子这么容易来来去去，使得铜成为极佳导体。

在知道电子会这样推挤跳动前，我还以为电流就和水流一样——我们把电灯开关打开后，就有一股闪闪发亮的电（或什么都好）汹涌而出流过电线。可是打开电灯跟扭开水龙头不太一样。

开电灯的时候，其实是把电线接上电流。电线里的电子，大致上是朝着电灯泡的方向跌跌撞撞而去。电子实际上并没有跑得多快，也不是直线前进。但是电线里挤了非常多的电子，不论什么时候都有一大堆电子在移动，直到它们抵达电灯泡这个目标。

电子不会像水那样流动，它们的动作就像一大批海龟。打个比方，你看到一座细长的桥，连接海龟繁殖的小岛与内陆。繁殖季在清晨六点准时登场，如果你在六点零一秒的时候就看到海龟从桥上涌入小岛，你会以为那些海龟的速度快得不得了，居然在一秒内飞奔通过大桥！

你有这样的误会也是情有可原啦，因为你并不知道那桥上早就挤满了海龟。它们并不是六点才从内陆出发，而是早就在大桥上挤得水泄不通了。电子的状况也是如此。我们认为电子的速度超快，但事实上它们只是紧紧塞满导线，准备好只要一有空隙就往前移动。铜导线里装满落单的电子，直接往阅读灯的灯泡冲了过去，因此，一打开开关，最靠近灯泡的电子并不用跑太远，就能立即通电、立即点亮你的生活！

如果想对导线里的电子有多挤有个确切的概念，1 安培电流表示每秒有 6250000000000000000 个电子通过。为什么工程师要用安培来描述电流而不用电子的数目，就是这个原因。如果什么东西有一百万的一百万的一百万个，就要用到好多个零，而工程师并不喜欢一长串的零。我们和计算器十分要好，不想因为十六个零给它们添麻烦。工程师和他们的计算器之间有深厚的感情，这的确很难理解。

请记住，如果你见到工程师拿着计算器磨蹭鼻子，应该为他们感到高兴才对。

电磁场

在教练证实真有这个说法之前，"电磁场"听起来好像卡通里准备占领地球的大坏蛋才会说的话。后来才知道，"电磁场"不但真的存在，而且是必然会用到的称呼。如果我们先提到电子往一个方向跳动形成电流，然后再另外讨论磁力，那就会发现根本行不通。电力和磁力紧密相关，两者彼此相生、循环不已，这种带着禅意的关系真值得打个坐好好思考一下。如果我们把这两件事都想象成"场"，就会比较容易了解。

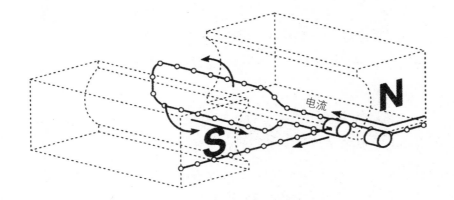

电流

N

S

　　一个带电的粒子（例如质子或电子）就有一个"场"，也就是影响范围。如果另一个带有负电的粒子想要飘入某个电子的电场，那个粒子就会被十分粗鲁地推走。由于粒子并不会实际接触，所以最好说是它们的"场"（而不是粒子）彼此作用。当然，粒子靠得越近，"场"所感受到的力量就越强大。同样，磁石也有磁场，如果让两块磁石互相靠近，你会感受到两者之间有相吸或相斥的力量，这就看靠近的两端是同极或异极了。

　　有趣的来了：如果你把一条电线放在两块磁石之间不断移动，电子就会开始在电线里流动。另一方面，电线里流动的电子会产生磁场。移动的磁场和电场就像阴和阳，互为作用力和反作用力。如果你想把电场和磁场完完全全分开，那是不可能的——它们是一体的。

　　但既然人们对于禅语没有耐心，我们就别再去深究电场、磁场、电流还有生命的真谛，不如专心想个办法利用电子加热我们的松饼机。发电机可以用好几种方式利用磁场与电场的相依关系，为你做早餐的关键动作提供能量。基本的发电机是这么运作的（这模型实在是很原始，你可以轻易依样画葫芦）：

拿一捆电线绕在某个看起来像是大型搅拌棒的框框上，然后把它放在固定不动的磁铁南北极之间旋转。让线圈在磁极之间转动所需的力可以取自瀑布、自行车或蒸汽机。因为你让电线穿过磁场并不断移动，结果会得到什么？没错，你可以得到电流。简单？

是啦，并没有那么简单。当电线产生阵阵电流时，你还有一些细节必须搞清楚。在前面描述的简易发电机中，电流增加，然后又降回零，然后产生反向电流，又降回零。这是因为磁场与电流之间的关系有一点小小的别扭，如果要产生电流，磁场方向必须与电线的动作呈直角，你可以想成它们两个要"针锋相对"。如果电线顺着磁场移动就不会激发电子，什么都没有；但如果电线的移动方向与磁场垂直，电子就会有所反应，并产生电流。

所以在我们的发电机例子里，搅拌棒先是垂直切过磁场，再顺着磁场转。因此，每转一圈，电流都会突增，突降，然后再突增，再突降。为了让电流能一直保持相同方向，早期的发明家在线圈末端（大概就是搅拌棒握柄的位置）套了一个稍宽的小铁环，利用这东西接收电流，再加上几个电刷，就可以一直提供同一方向的电流了。

现在电流已经制造出来了，还需要传送出去加以运用。

关于电子的知识，最基本的就是要知道电能等于电流乘上电压：$P = I \times V$〔我知道电流用字母 I 代表有点奇怪。早期研究电的时候，电流是叫作"电流强度"（intensity）的〕。所以，如果你要传送一大堆电力给都市，要不就是增加电流，要不就是增加电压。可是家庭用的标准是 110 伏特（商用交流电最早的频率是 60Hz，电压是 110V，美国一直沿用至今。我国采用的是 50Hz/220V 的规格——编注），所以我们必须以这个电压来传送。如果我们提供的电能是其他电压，家里的收音机和吹风机就没办法用了。所以啦，只要把电流提高，就可以传送很多电能了！没问题啦！

不过这样是办不到的。如果你调高电流，就无法塞入传送电力的导线。虽然我之前说过，电流并不是像水那样流动，但通过电线传送电流，倒是和通过水管送水类似。一方面，水管越长，对于水流的抗拒力越大；另一方面，水管的横截面积越大，越容易让水通过。如果我们想把电流传送到一大段距离以外的地方，就会遇到问题：输送电流的电线阻力会随电线长度增加。我可以增加电线横截面积，好让电流通过，但是需要花费的金钱会贵得不像话，而且我们需要有一群超人樵夫，才能架设非常粗、非常重的电缆。两种做法都不可行，我们无计可施了。要怎样才能传送一大堆电力到很远的地方呢？

爱迪生与特斯拉的惨烈竞争

如何长距离送电的问题，激起了当代史上最巨大的思想冲突。这故事里有自大的家伙，有被电死的小狗，还有对鸽子的真爱。

还记得爱迪生吗？我们在学校读过好多次，是美国最伟大的发明家。好吧，其实教科书都跳过一件事没讲，那就是爱迪生是个浑蛋。他费尽心力扼杀使得长距离电力输送成为可能的绝妙点子。就是因为有长距离送电的技术，才能让我们的日常生活电气化，但关于这件事，爱迪生居然站在历史上错误的那一方，真是令人惊讶。

19 世纪 80 年代，束腹和裙撑还大行其道的时候，家里还在用煤油和瓦斯点灯，爱迪生就开始做起贩卖直流电的生意。他会装一部直流发电机（就像之前描述的那一种），然后把电力输送给附近的用户（大概是方圆 1.5 千米以内）。他只能为那么小范围的家庭和公司行号提供服务，是因为电线拉长使得阻力太大，无法将电力送得太远。

然后，从欧洲来了一个名叫特斯拉的人，想要进爱迪生的公司。特斯拉有个疯狂的想法：为什么不把发电厂盖在譬如尼亚加拉大瀑布旁边，利用水的力量转动发电机的转子，产生一种能够传送很远的电力？你不仅可以供电给死气沉沉的小小水牛城，还可以供电给大大的纽约市呢，那多酷啊！

但爱迪生的反应差不多像是："那行不通啦。"或者是："你哪有资格来跟我讲电力的事情？这玩意是我发明的。而且，你的口音笑死人了，再说我也不喜欢你的外套。"（呃，我想他应该没这么说）他为什么不叫特斯拉赶快把设计图拿出来看呢？有两种说法：

一、爱迪生着眼的是以直流电为核心的企业王朝。

二、爱迪生根本搞不懂特斯拉的想法，因为那些点子比他的想法还先进。

特斯拉真的在爱迪生手下待过一段时间，但爱迪生对他的伟大新想法不感兴趣。特斯拉终究发现自己被冷冻了（现在，别抱怨自己的第一份工作无法充分发挥你的特殊才能了），虽然特斯拉手都磨出茧了，但他依然持续在脑子里拼凑自己的想法。他想制造出交流电，而不是直流电。如果是直流发电机，电刷和接点要做调整，以配合线圈在发电机磁石之间转动所产生的电流。但特斯拉的想法是这样的：让电流来回交换方向。电灯泡又不知道有这种事，它只看得见电子飞来飞去，电流还是电流，灯泡并不在乎电子是往哪个方向去。它变换的速度太快了，所以灯泡不会变暗。

特斯拉知道，这交流电可以传送到很远的地方，而爱迪生的直流电无法做到这点。这是因为交流电可以用非常高的电压传送（这样就能传送大量能量），之后再降到可以使用的 110 伏特。以高电压传送电力，特斯拉就只需用很小的电流进行长距离供电。而电流比较小，就表示可以用比较细的电线。

在把电力传送到都市配电所之前，先把电压"提升"，然后再"调降"，是很繁杂没错，也只能用交流电实施。但是有一种简单到吓人的设备，可以把电流从某个电压转换成另一个电压，就连名字都很简单，就叫"变压器"。降压变压器把电压从高降到低，升压变压器则把电压从低升到高。变压器只不过是两个彼此不相触的大线圈，但是都绕着同一个铁芯。如果没有电流的话，两个线圈就只能彼此干瞪眼，但是当交流电触及其中一个线圈并反向折回时，动作就开始了。电流在流动时会发生什么事？会产生磁场的变化。磁场变化会怎么样？会产生电流。其中一个线圈开始产生电流时，变压器内的另一个线圈就会感应到磁场的变化，并产生自己的电流。如果其中一个线圈的长度较长，并且绕得更多圈的话，就可以调升或调降电压。

如果用变压器配上直流电，电流就只会在其中一个线圈里绕，却无法对另一个线圈产生影响。直流电无法享受变压器的好处，在它眼中，变压器只不过是一团绕着铁芯的电线，并不是什么了不起的电压 / 电流变化装置。另一个线圈之所以不会产生反应，是因为电流并没有改变方向以诱发更多电流。直流电里并没有什么神奇的异性相吸魔力，但是在交流电里，线圈里有活蹦乱跳的电子产生磁场，所以另一个线圈也随之起舞。所以，如果你要把 240 伏特的电从很远的发电厂送出去，最好全部都用高电压低电流，通过大小适中的铜线传送那些电能。传到变电所后，再用变压器把电压"调降"，送到各个家庭。

所以，特斯拉赢了，对吧？我们在现代的输配电路当中使用的都是他的交流电系统。他赢了没错，但胜利来得不够快，他无法亲自享受。我们之后会再谈到他，不过我要先确定你知道如何运用这些想法，万一你住的城市遇上长期缺电，不但可以求生，还可以变成某一个小小封地里不可动摇的统治者。

顺理成章当上小区老大

如果每个部分都完美得不得了的交流电系统有个环节出错了，那该怎么办？如果太阳射线摧毁所有变压器，使得电压无法调升或调降，那该怎么办？防灾专家会很乐意告诉你接下来会怎样：食品短缺，然后强盗出现，接着就是标准的失序暴动，最后是政府瓦解。

我们无法对文明行为以及有线电视的终结做好完全的准备，不过你至少可以在地下室囤积好三十天份的食物和饮水。而且，你需要有个方法保护你的储备品（不论你是否愿意，肚子饿的人都会做出疯狂举动）。当你在做准备工作的同时，何不顺便收集一些材料，用来制造小小的人力发电机？花一天工夫把你的家用铁丝网包在里头，做完后你会很想喝一杯热红茶。现在你已经很清楚发电机运作的基本原理，不过还要再多做点研究。在电力供应中断前，用磁铁、电线和健身脚踏车很快做出一个发电机，这样才能边做发电机，边上网查资料。

而且，你在为供电可能崩溃预做准备的同时，还要练习一件事：如果所有的火柴和打火机都用完了，该怎么生火？你只需要一小撮钢丝绒，还有一个9伏特的电池，就能生起一堆像样的火。把钢丝绒扯松一些，让细细的钢丝之间有很多空气，然后用四方形电池的正极和负极对着那一团钢丝绒摩擦。那些微细的钢丝努力想要把电池里的电传出来，当钢丝所传送的电流超过它的负荷时，热不断聚集，钢丝变红发烫，就会像一小堆营火一样烧起来。

如果有长期缺电的状况，拥有一部人力发电机，还藏了一批别人想象不到的生火用品，已经足以让你成为附近十分重要的人物。要是真的发生这种事，你的地位自然而然就会从圣诞节联欢会主办人一跃而成小区老大。

因为你是个讲道理的人，所以你也不会利用刚到手的权力为以前的事情报复，除非你真想那么做。

爱迪生与特斯拉的故事还没完

刚刚讲到可怜而且鞠躬尽瘁的特斯拉，他被派去铲雪。没在铲的时候，他就在等有没有人愿意投资他的交流发电机。失败过好几次后，特斯拉终于找到乔治·西屋合伙。西屋是个好人，也是个发明家，而且是交流电的支持者。特斯拉和西屋签约，生产交流电并且拿去卖；爱迪生则派出被交流电电到的狗和马公开反击，想让大家认为那东西用起来太危险了。爱迪生的支持者哈罗德·布朗用交流电为纽约市的一名犯人执行死刑。他们还说是利用"西屋法"处决死刑犯。真是了不起的负面品牌宣传。

西屋和特斯拉赢得 1893 年芝加哥世界博览会的供电标案，在这场电流大战当中回击了爱迪生一记重拳。他们借机大肆宣传，还由克里夫兰总统开启电闸，点亮"光之城"的上万颗灯泡。爱迪生从他小小的"灯泡史"摊位看出去，只能徒呼负负（我确信爱迪生还有更多的好东西参展，不过谁知道呢？关于他为了参展做过哪些准备，又拿出什么东西，始终没有什么定论）。

在那之后，特斯拉和西屋又狠狠打击了爱迪生一次。他们赢得一项合约，要在尼亚加拉大瀑布盖一座发电厂。他们走运了——虽然爱迪生的公关团队还是一直拿出被"西屋法"电死的小狗、小马来吓人。但赢了这个回合后，特斯拉并没有就此一帆风顺。西屋公司财务出现了状况，无法支付给特斯拉权利金，没想到特斯拉宽宏大度，竟把合约给撕了，因为他不愿意好朋友和忠心的支持者破产。特斯拉真是个好人，但是没了那份收入，他必须努力找其他投资者来赞助后续的研究。

意大利发明家马可尼首度成功发送跨太平洋无线电信号的时候，特斯拉指出，马可尼是用了他的专利才办到的，但是却没人给他掌声。后来，特斯拉最坚定的财务支持者竟遇上泰坦尼克号海难。遇上这种倒霉事以后，特斯拉偶尔才会展现一点他的美好才华，在大多数时间里他只显露彻底的疯狂。他会"一、二、三"地数着自己的步伐，害怕有病菌而不和人握手，还相信有来自其他行星的生物跑到科罗拉多的实验室找他。

接下来是鸽子的事情。搬回纽约的时候，他很喜欢喂鸽子。这倒不是什么怪事，但他让鸽子进到旅馆房间里就有点诡异了。辞世前最后几年，和爱迪生争输赢，再加上没人支持他的计划，让他压力大得不得了，还因为没付房钱被赶出旅馆（那些鸽子也一并滚蛋了）。他最喜欢、最钟爱的那只鸽子死掉时，特斯拉完全崩溃。

爱迪生晚年享尽财富与名声，特斯拉却孤零零地离开了人世，他的尸体还是旅馆女服务员发现的。这除了是个人的悲剧，也是脑力遭到浪费的例子。特斯拉想争取经费和认可，爱迪生却尽力想毁了他。特斯拉还有好多很棒的点子，包括免费的无线电力。当然，他还相信有来自其他行星的生物传送信息给他，并且把鸽子当老婆，但我们多少都能谅解，毕竟他发明了改变世界走向的东西。

想想看，如果这两人是友善相待的伙伴，可以完成多少东西：爱迪生坐在店里，特斯拉也在，全都工作到三更半夜。爱迪生以无比耐心试过上千种方案，而特斯拉那些设计复杂的发明早在他脑子里就仔细想过了。如果他们一起工作，我们会得到什么？提早好几十年享受无线通信？没有污染和核废料的发电厂？因为爱迪生没有善待特斯拉，我们损失了多少？

我希望可以用爱迪生和特斯拉的故事来提醒大家，不管你自以为有多聪明，一定有人更聪明。那个人也许穿着奇装异服、带着奇怪口音、没多少朋友，还有强迫症，每次吃饭前都要用三条白色餐巾把银制餐具擦三次。

推崇特斯拉的同时，我总是想到自己上中学时的第一个星期，瘦巴巴的膝盖露在硬邦邦的裙子外头，左右都是我不认识的人。罗榭尔修女要我们分组练习体积测量的时候，其他女孩都去找打从幼儿园就认识的朋友。而我待在原地。如果班上的人数是奇数，刚好剩我一个人落单该怎么办？坐在我前面的女孩转身过来，双手压在我桌上，开口问道："我们一组好不好？不过你最好知道要怎么量立方体和密度或者管它什么东西，因为我完全搞不懂。"

得救了。

★ 物理练习

一、欧姆定律可用来描述电池供电给灯泡的简单电路系统：电压等于电流乘以电阻，$U = I \times R$。

A. 在这小小的电路系统中，是什么造成电阻？

B. 电压由什么提供？

C. 有没有发现什么可以用你的名字来命名的定律？

解答：

A. 电路中的电阻是电灯泡。另外，电线里也有一点电阻。

B. 电池。

C. 描述一下你命名的定律。举例来说，麦金莱小姐定律就是：

$$Y = 10 \times (N/S)$$

其中 Y 是有人欣赏你的点子要花几年时间，N 是用 1 到 10 的量尺来衡量这新点子和原有的观念比起来有多新，S 则是用 1 到 10 的量尺来衡量你的社交手腕和个人魅力。

如果你的点子并没有那么原创，但你是人见人爱的人，那你一样很快就能得到赏识。如果你的点子先进到难以理解，但你善于社交，那就要花一点时间才会得到赏识，不过应该可以在你有生之年见到。如果你的想法十分新颖，但你不善于与人相处，又有强迫症，那就要花好多好多年才能让这个世界了解你有多棒。抱歉啦，特斯拉，我们现在能欣赏你的才华了，要是你没那么诡异的话就好了，不过，还是要感谢你的交流电。

二、半导体工厂的制程需要用到纯度超高的水。把水送进纯水机里，除去矿物质和少许其他物质后，传感器会告诉工程师水的电阻有多少。以下哪一个纯度较高，是电阻 1800 万欧姆的水呢，还是电阻 500 万欧姆的水？

解答：水中的矿物质会让它容易传送电流（有更多挤来挤去的电子），如果把矿物质从水里移走，就不再那么容易导电；用相反的方式来讲这件事，就是纯水更能阻止电流。电阻高，就表示水里的矿物质较少。由于欧姆是电阻的测量单位，所以 1800 万欧姆的水纯度会比 500 万欧姆的水更高。

★ 试着做做看!

我知道这听起来有点可怕,不过请尝试用你的舌头组成一个电路;但不是用汽车电瓶之类的危险物品。请用以下方式做一个超低电压电池:取一块铜片和一块锌片洗干净,切厚厚一片柠檬,然后把铜片和锌片插进柠檬片,两者不要相碰。用你的舌头去触碰两片金属。有没有感觉麻麻的? 那就是有电流通过。为什么会这样?

解答: 酸性的柠檬汁会把铜片里的电子逼出来,跑到锌片里。当你用舌头把电路串起来的时候,电子就会移动,因此产生电流。这个铜 / 锌的安排还有很多不同的搭配。你可以用铜片和锌片堆在一起,中间再夹上浸过醋的纸巾,做成一个电流足以点亮小灯泡的电池。

如果这轻微的麻木感还不够过瘾,你可以用舌头去舔一个 9 伏特的电池,保证你的舌头会相当来劲。这是试音时经常会做的事,吉他手检查调音器或踏板的时候,需要知道电池是不是没电了。如果舌头一阵酥麻,就表示电池还有电,而调音器或踏板的问题是出在其他地方——但千万别说试音的人有问题。如果这么说他的话,他整晚都会在你的监听耳机里放一堆烦人的混音,让你为此付出代价。

PART 19 〉〉〉

培养神秘感
飘忽不定的电子

　　高中生涯只剩最后两个星期，我们已准备好发扬伟大的古老传统：在毕业典礼上最后唱一次校歌，把格子裙拿去网球场后面烧掉，还要在暗恋了四年却不敢表白的男孩家门前烧卫生纸。是的，我们已经转为大人了，成为老师、父母都引以为傲的年轻女性。然而，当我们以为自己身处某个值得依靠的结构时，教练竟把旧的原子模型拆开，还弄翻了牛顿的一整车苹果。这两句话的意思并不是指"需要稍微修正一下热力学定律的用字"，或"牛顿在期末考试作弊"。作弊这点小事我们还有办法容忍，但原子模型简直就是神圣不可侵犯的。我们就是靠它了解原子键结、电流，还有气体定律。再说，这模型很漂亮，我们的原子就像是小小星球，更小的电子就像卫星一样绕着它打转。

　　事实上，电子绕原子核的方式并不像小小的卫星。"我们并不知道它们怎么跑。"教练一边说，一边把黑板上电子绕行原子核的图擦掉。他在原子核周围用粉笔画上模模糊糊的云雾。他说，如果我们真的要去找电子的话，这些云雾就是电子可能出现的位置。哦，原来电子从不轻易说出自己的秘密——根本就是低调到让人抓狂。

电子的成人舞会

要怎么让电子进入社交圈？从过去我们把电力想成是一道闪电或电流，到想象电子是个带电的迷你小包裹，科学家到底从中得到了什么好处？

一切都从派对里的小花招开始。19世纪中叶，科学家把电流导入抽成真空的管子，展现出美丽的亮光，博得满堂观众"哦""啊"的美妙赞叹。这些管子后来成了霓虹灯招牌，虽然现在看来没什么大不了，但是可别忘记，以前可没人见过这样的东西，而且那时候也没什么娱乐可选。

这些爱现的科学家把管子里的空气抽得越干净，光芒就越美。他们会把这些发亮的管子留在谢幕时再拿上台秀一秀，因为他们这时就会表示不想回答任何相关问题。但事实上只要你态度强硬一点，他们就会承认自己根本不知道管子为什么会发亮。

很多人都自有一套理论，可是只有英国的物理学家汤姆森胆子够大，敢说他相信管子之所以发亮是由于原子里的某个小部分。

原子的某个部分？你说什么？在那个时候，这可是个不得了的讲法。原子才没有什么某个部分可言，没有东西比原子更小，原子也是无法分割的，不是吗？汤姆森更进一步说，这种比原子还要小的东西带有负电。他运用一系列实验，证明他才不是吸多了实验室里的化学药品，这个在原子里带有负电的东西真的存在。

可是汤姆森不知道这些带负电的小东西在原子里是怎么排列的，也没办法提出十分完善的模型。他说，电子嵌在一团带有正电的东西里。

汤姆森称它为"葡萄干布丁式模型"。他说的"葡萄干布丁"比较像是一种里面放满葡萄干的蛋糕。汤姆森想象电子在原子里的分配，就像葡萄干分布在蛋糕里一样随机。汤姆森有位学生叫卢瑟福，是个来自新西兰乡下的小孩，他证明了原子并不是水果蛋糕之类的东西。卢瑟福证明，原子有个带有正电的核心，小小的电子则绕着原子核飞舞。

而且，如今大多数人也都这么认为。然而，如果更仔细研究电子，卢瑟福的模型以及我们对物质的认识，都要来个一百八十度大转弯。

想方设法追求电子

20 世纪初，有一大群科学家开始追求电子，一个接一个，前赴后继。他们劈头就朝私人问题进攻："你有没有规规矩矩沿着轨道绕着原子核转？""你是粒子还是波？""如果你是一棵树，会是哪种树？"

电子只肯透露一丁点信息，好让大家继续保持兴趣。它的行为有时像波，有时又像粒子；它的确切位置是一团未解的概率迷雾，但实际上并不真的在某些地方飘，因为它不在云雾之中，它就是那团云雾。问题是，一旦你特别锁定它，甚至是去追寻它的动作，一切就会变得不一样。

电子就像是派对里最神秘的女孩，讲话有种腔调，你不太确定她是从哪儿来的，也从来不知道她已经来了。就算她真的来了，你根本搞不清楚她在讲什么，然后她又走了——身穿晚礼服消失在夜色里，只留下一股茉莉花香气、一丝危险的感觉。

即使电子这么不贴心，科学家还是一直追着它。他们问更多问题："你跑得多快？你喜欢去哪里逛逛？"正当电子把科学家们耍得团团转时，海森伯这位科学界的新星（他养了个骄纵的情妇，也就很习惯被耍）为电子量身打造了"不确定原理"。按他的说法，如果你有办法正确知道一个电子的动量或位置，你就无法正确找到剩下的另一个性质（当然，你还记得动量就是质量乘上速度，而且有方向性）。

为了体会一下测不准原理有多诡异，想象一下在赛车场

开着卡丁车和朋友们追撞的场景。如果你只知道其他小车的位置或动量，就无法完全掌握目前的状况。哦，坐在蓝色车子里的是史考特！你可以看到他在那里，却不知道他的车速多快、车子多大，也不知道往哪个方向，但他就是在那里。嘿，是你，史考特！1分钟过后，你知道他的质量、用多快的速度向你冲来，却搞不清他人在何处。距离5米？大概吧。砰！才不是呢，他就在你正前方。

海森伯坚称，并不是因为仪器不够准确，所以无法同时找到位置和动量。他断定，电子的本性就是无法同时拥有确切的位置与动量。他还用了一条小小的公式表达这个想法，用以描述电子的运动。海森伯证明，如果能确定动量，位置就会变得不确定（这就是"不关你的事"的数学表达法）；如果他确定电子的位置，就无法判定动量（同样的，数学语言偷偷对着我们贼笑）。如果你找到其中一种性质，另一种就会让你雾里看花。

这让整个科学界看傻眼了：大家要的是答案！爱因斯坦为此不太高兴。他那句抗议十分有名："上帝不掷骰子。"电子就这样转身离去，哈哈大笑，又带着不知方向与大小的动量跑掉，同时这世上最聪明的人们因求爱不成而懊恼，而且直到现在仍深受其害。

生活物理学：神秘感最迷人

我在想，路西铎教练不见得知道他正在教导全班前所未有的最佳约会策略，不过我学到的大概就是这样：如果你想吸引某人注意，试试像个电子一样，让其他人觉得你的行为难以捉摸；只让他们知道你在哪里，可是不知道你在干吗，或是反过来也行。只能知其一，不能知其二。

　　基本上，从高一开始，我妈就是这样教我的。她以前就说过，接电话的时候不可以显出上气不接下气、急急忙忙的样子，而是要练习平心静气地等铃声响过好几下再接。我想把这种不在乎的态度进阶到下个阶段，没想到刚好让她玩得不亦乐乎。如果有男孩子打电话来，她会这么回：

　　男生：嘿。克里斯汀在家吗？

　　妈：嗯，应该在吧。你是坦纳吗？

　　（请注意：我可不认识什么坦纳。）

　　男生：哦，不，我是史提夫。

　　妈：哦，嘿，史丹。

　　男生：史提夫。

　　妈：我看看她回来没。她考完直升机驾驶执照后，还要去拍杂志封面呢。

　　这时候，我就会在后面大笑，好像家里有很多人来参加宴会似的，然后妈妈会把话筒拿开，说："哦，你来了，亲爱的。有一个史都华什么的打电话来，他是周末要跟你去试镜的那个鼓手吗？"高中生都以为妈妈不会撒谎，更何况她还讲得那么自然，所以这招十分见效。我发现神秘感会滋养浪漫情调，更添注目程度。

反过来做的效果也很不错。如果有个我没兴趣的男生苦苦纠缠，我就会跟他说我在安克拉治的垒球队负责守右外野，顺便让他看看手上的疤，细说每个疤是怎么来的——玩滑雪板跌倒、做饭时烫到。我想还用不着拿出婴儿时期的照片，他的热情早就被浇熄了。

谢谢你，电子，教我这么宝贵的经验：过度暴露会扼杀浪漫，保持神秘则会滋养兴趣。

一、卢瑟福判定原子结构的方法，是把 α 粒子（等于氦原子核）对着金箔射击，观察折射状况。如果原子里的东西是"葡萄干布丁式"的分布，α 粒子就会穿透金箔，落点也会均匀分布。大多数 α 粒子是这样，但有些粒子却被折射或直接反弹回来。假设你是卢瑟福，请接受记者访问，并回答下列问题：

A. α 粒子的带电性如何？

B. 你的实验当中，大部分 α 粒子怎么了？为什么？

C. 为什么有些 α 粒子被折射或反弹回来？

D. 你觉得这结果有什么值得惊讶的吗？

解答：

A. 由于它是不带电子的氦原子核，而氦有两个质子，所以 α 粒子的带电性为 2^+。

B. 大部分 α 粒子直接射穿金箔，因为它们几乎打不中金原子核。

C. 带正电的 α 粒子刚好靠近金原子核（同样带正电），所以被弹了回来，或以某个角度折射出去。

D. 我很讶异原子里除了原子核，到处都空空的，而且原子核非常小，密度非常高。

二、如果你喜欢的人传短信来，可是对方没有说明要干吗，或有什么意图，那该怎么回短信？请以电子的立场思考，为每个选项找一个神秘得刚刚好的理由。

A. 你在干吗？

B. 你今天穿哪一件？

C. 嘿。

D. ☺

E. 你几点在家？

F. 你在哪儿？

简答：

A. 想把旧金山和米兰之间的时差背起来。

B. 防毒面具。我得走了，警报响啰。

C. 嘿。你哪位？

D. 不论如何，千万不要只用表情图发短信。如果有人对你有兴趣，就应该像大男孩或大女孩那样，用文字写出来。

E. 等警察收完保释金，把我放出来。

F. 这问题有很多超棒的答案，我最喜欢的有：

a. 后台。

b. 才刚过边界。

c. 你也知道，我没办法跟你讲那么多（加上皱眉或眨眼的表情图）。

PART 20 〉〉〉

尊重其他观点

相对性

　　路西铎教练再度谈到牛顿。现在我觉得这位老兄已经成了老朋友，什么事都可以回到他那里找答案。这世界到处都是牛顿定律，因为日常生活中每天都看得到它们。牛顿的理论是以对空间和时间的合理假设为基础的，很容易懂。首先，你可以在宇宙中选一个参考点，从那个点开始测量万事万物。至于这个点到底在哪里根本无所谓，可以是地球的北极、太阳中心，或耶路撒冷、埃塞俄比亚街上某个卖卷饼的小店。而且，不管发生什么事，时间一直嘀嗒前进着。

　　对大部分人来说，这听起来比较像是合理的出发点。时间和空间都是可以预期的背景，而我们依此改变速度和位置。我们年纪渐长、每到一个新时区就要调整手表，而且对空间和时间不会缩小、膨胀、变慢或变快保持信心。

　　时间和空间牢牢定位，牛顿就能描述物体如何相撞、受力与加速、如何保持静止、如何保持运动。每件事都理所当然。我们这样做，是因为日常生活中确实是这样的。

　　爱因斯坦开始研究光和光速的时候，牛顿的宇宙观就变得摇摇欲坠。刚开始，爱因斯坦的想法还十分单纯。他十几岁时所想的事情，就跟一般青少年没什么两样：什么时候才有机会初吻？长大之后会成为什么样的人？如果骑着脚踏车跟一道光束一起前进，会是什么感觉？

　　关于最后那个问题，要花更久时间才有办法回答。爱因斯坦想象自己骑着脚踏车跟光束一起前进时，大家已经知道光速不会变，可以说是常数——光的行进速度一直保持每秒299792458米（四舍五入就是 $3×10^8$ 米，虽然光速还比这个数字慢了一点点）。如果你是骑着脚踏车以光速前进的小爱因斯坦，当你经过朋友身边时，朋友打开手电筒往你身上一照，两者会以同样速度往前直入无尽黑暗吗？当你以光速前进的时候，你还未到达的前方是不是无尽的黑暗？

　　爱因斯坦在他的狭义相对论中探讨了这个假设状况。到了这时候，他的工作从在光束旁边骑脚踏车，变成思考坐在火车上，且火车朝光束前进或远离光束的情况（如果你想看有关相对论的讨论，可要做好准备，将会有一大堆关于火车的事）。

　　我们之前感受到的相对速度是这样的：如果你坐在速度很快的火车上，遇到一群马往反方向跑，这些马通过车窗的速度，看起来会比火车静止时快。如果马匹的方向和火车相同，你就不会那么快超越它们，还可以趁马匹从车窗前经过时，好好欣赏它们飞扬的鬃毛。

　　从你在火车上的位置看出去，有几件事跟你与马匹的速度差有关：马往哪个方向跑？马跑得多快？火车跑得多快？如果是光的话，情况也相同吗？如果我们对着光源前进，光束冲过我们身边的时候，会不会比我们静止不动时还快？如果我们远离光源，光看起来是不是会变慢？

最后一个问题的答案是"不会"。光速是恒定的，如果你坐在跑得真的非常快的火车里远离光源，它还会以每秒 3×10^8 米的速度朝着你而来。如果火车向着光束而去，光速还是每秒 3×10^8 米。

所以，如果我们坚持：不管什么情况下，光速都是一样的，有些东西就必须让步。光永远以相同速度朝着火车而来，这在数学上说不通。爱因斯坦顶着一头乱发，转着笔，独自思索：不管观察点在哪儿，不管观察的人是在运动还是静止，速度就是距离除以时间。距离没法拉长或缩短，时间也是。那么光速要怎样才能保持不变？如果时间在每个参考坐标的运行速度都不尽相同，会怎么样？假设有个人以近乎光速的速度从你身边飞过去，你看看手表，发现它还是跟平常一样嘀嗒走，可是当你看着他的手表从你眼前飞过时，发现他表上的秒针竟然动得比你的慢，那会怎么样？

这真是太疯狂了，不过这是事实，爱因斯坦是这么认为的。

没错。对于静止的观察者来说，随着你搭乘的那列火车的速度加快，时间就会慢下来，不管搭火车或骑在小爱因斯坦的脚踏车上都一样。牛顿那可靠的时间会为了让光速维持常数而有所调整。假设爱因斯坦拼命踩着踏板，想尽量追上光速，而你紧抓着他的外套不放，在站着不动的人眼中，在你经过他们身边的瞬间，他们会看到你的手表变慢。

可怜的牛顿，谈到重力的时候，他的理论也靠不住了。

爱因斯坦提出另一种模型，而不是两个物体彼此互相拉扯。大的物体（比如地球）会让空间变弯，就像保龄球放在地毯上一样，空间沉陷则使得较小的物体往凹陷处掉落。这跟牛顿的说法完全不同，根本就是以大欺小的霸凌嘛。时间长度并非固定，空间还可以弯曲变形。拜托，这疯狂有完没完啊？

　　你的观点并不是唯一正确的那个。虽然这消息对每个人来说都算是意料之外的，可是对于高四的学生来说简直是个晴天霹雳。在爱因斯坦的新世界里，每个参考点都不同，而且都一样有效。"我们必须尊重别人的观点"，玛丽修女上毕业生生涯规划这门课的时候就说过了，但听爱因斯坦那么说更是让我留下深刻印象。一切要看你身在何处、移动得多快、逼近你的物体有多大。万物彼此依赖，真的是这样。

物
理
才
是
最
好
的
人
生
指
南

★ 物理练习

一、如果你所搭乘的火车以时速 80 千米朝光源前进，光对着你而来的速度有多快？

解答：每秒 3×10^8 米。

二、如果你所搭乘的火车以时速 80 千米远离光源，光对着你而来的速度有多快？

解答：每秒 3×10^8 米。

三、如果你站在时速只有 4.8 千米的嘉年华游行花车上准备跳舞，光朝着你过来的速度有多快？

解答：每秒 3×10^8 米。还有，赶快换上舞衣！

★ 试着做做看！

爱因斯坦很有意思的就是做了许多"思想实验"，因为根本不可能骑着脚踏车以接近光速的速度到哪里去。我们也来做一个吧：如果你有个双胞胎姐姐（没错，真的有）搭着一艘华丽的单人火箭升空，过了几分钟又回到地球，那么她会比你老还是比你年轻？

解答：因为你姐姐在火箭里的速度非常快，相对于你来说，她离开地球的这段时间会比待在地面上的你短一点，她的手表也就会比你的表稍微慢那么一点点。当她再回到地球时，一定会取笑你变得比她还老。

239

PART 21 〉〉〉

享受漫漫旅程
四种基本作用力

如果万事万物都息息相关，那它们是怎么结合起来的？路西铎教练手里握着粉笔，站在教室前。我准备好要抄公式，铅笔握在手中。然后，在接下来的一阵静默之中，我终于发现原来是教练在问我们这个问题。我们即将跨入湿滑难行的未知领域，教练要我们这群下个世代的思想家一起想想看，如何把至今学到的所有东西结合在一起。

蓝道尔小姐上美国文学的时候也是这么做。她不给答案，只鼓励我们从指定阅读的文本中，找出层层叠叠的意义。她让我们自己思考，威利·洛曼（小说《推销员之死》的可怜主角）为什么是个令人同情的推销员，而诗人弗罗斯特笔下《雪晚林边歇马》中的小树林为何也不是安静休息的好地方？至于教练的课，比起蓝道尔小姐可说是有过之而无不及，他对我们下了战帖，要大家把答案找出来。

四种作用力

这项挑战牵涉什么？我们知道，宇宙里有四种基本作用力：重力、电磁力、强相互作用力以及弱相互作用力。前两种力即使相隔距离遥远，我们还是可以感受得到。我们和地球距离越远，受到地球重力的影响就越小，但它还是在。电磁力也是如此。至于后两种力，强相互作用力和弱相互作用力，倒是有所不同。它们只会在非常接近的范围内产生影响——原子的核心部分。

我们以为，重力是四种力之中最强的。从小到大，我们从学习走路、骑脚踏车、双人滑冰中已经培养出对重力的敬畏。我们集中精神，产生有益的恐惧，努力不让自己跌倒。"对重力要心存敬意"的想法早就深深植入我们身体。

我们不太会想到电磁力，除非是玩厨房磁铁和便条纸夹的时候。即使如此，如果问我们哪种作用力最强，大家还是很可能会很大声地回答"重力"。不只是因为你对这答案很有信心，而且也怕万一惹重力不高兴，它待会儿可能就会害你摔下楼梯。虽然重力在生活中扮演令人害怕的角色，但事实上，电磁力和相互作用力都比它大得多，即使是"弱"相互作用力也比重力要强。

还记得 G 先生说过原子核和电子之间的那片空间吗？将电子留在那里的力量是电磁力。虽然带负电的电子狂野成性，喜欢动个不停，但有了电磁力，原子核和电子才会靠在一起。正因为它们靠在一起，才会有原子。如果没有电磁力，就不会有原子、物理和化学课……也就没有宇宙了。

这真的太奇怪了，对吧？我们不如换个方法来搞懂该如何比较电磁力和重力的强度。下次出门旅行，当你往饭店床铺飞扑而去，想试试它牢不牢固的时候（大家都会这么做嘛），请稍微想一下：你为什么不会直接穿过床掉下去？你从房门口就开始助跑，在半空中飞起，你身上的原子（几乎空无一物）撞上床铺的原子（也几乎空无一物）。那么，撞在一块后为什么还能让人很满意地弹起来？为什么你不会穿透床铺掉到地上？同样的道理，你为什么不会穿透脚下的地板？

原子间彼此互斥的电磁力必须为撞击负责。你身体里的原子虽然几乎空无一物，但却无法穿透床铺的原子，因为床铺的原子中带有质子，它们才不想接近你身体里的质子。

在这个例子里，电磁力比重力还要强。原子里几乎空无一物（除了原子核和小不拉叽的电子），但原子之间却以磁力使劲互推，所以你的手不会穿过墙壁或水泥板。下一个问题又来了：这些带正电的质子是如何全都挤在原子核里的呢？

碳有六个质子，全都挤在原子核里取暖。如果电磁力那么强，为什么它们不会把彼此推开呢？这下轮到强相互作用力发挥作用啦，它以无比坚定的决心把原子核里的质子与中子紧紧粘在一起。

至于弱相互作用力，正如它的名称，虽然没有强相互作用力那么大，但仍然相当重要。简单来说，它会引起 β 衰变，所谓的 β 衰变就是原子核内的中子变成质子，并发射出电子（或它的表亲——正子）的过程。反过来说，把电子抓进原子核里称为"逆 β 衰变"。不懂这些东西没关系，只要知道，没有弱相互作用力，太阳就无法利用核融合发光。

四种基本作用力当中，强相互作用力是老大，接下来是电磁力，然后是弱相互作用力，最后的最后才是重力。问题的挑战在于我们要找到一个理论——一个万有理论，不仅能帮助我们了解并预测四种作用力中的某一项如何运作，还要弄懂它们是怎么合作的。

直到死前，爱因斯坦都在研究一个统一理论，想把他对电磁力与重力所了解的一切全部整合起来。物理学家至今仍在研究统一理论。目前领先的是弦论，它提出难以想象的小循环和弦，并且在好几个维度中振动。

我们愿意相信真的有这类理论，至少在某个瞬间，也许是宇宙诞生的第一秒，所有作用力都平等共存，而且我们知道这些作用力如今仍彼此纠缠。真是奇怪，我们怎么那么有信心？为什么我们如此确信人类可以弄懂宇宙和它的作用力？我们怎么知道人类的头脑能够解开谜团？我们期待宇宙能给我们一个合理的解释，可是我们的理解力是不是已到了极限呢？就像狗儿盯着割草机看，想了解那是怎么一回事。再说，我们怎么知道何时才算"万有"？今天我们以为的万有理论，说不定会在一百年后变得古怪而过时。

我们继续思考，无法忍住不想。我们受到各种小小的胜利鼓舞：人造卫星、屋内水电配管，以及填满卡士达内馅的甜甜圈。时至今日，我们仍没有一个大一统理论，但至少对真理有一点点理解。

很多人宣称自己已经找到答案，但"就差数学公式"。这好像在说自己绝对能夺得奥斯卡奖，只要写好剧本、找到演员、拍摄、剪辑，除此之外，一切都就绪了。数学公式是需要仔细推敲出来的，并不只是唠唠叨叨地讲一大堆细节。

数学是宇宙通用的语言。

正在做很困难的工作时，我们最讨厌有人在一旁说："好好享受吧。"那些人说得没错，最美好的事情总是发生在通往目标的道路上。我们利用数学不断尝试，不断失败，却在这个过程中变得更聪明，足以制造出晶体管和计算机芯片。在通往完美的途中，仍有许多收获和可以留下的东西。在搞清楚原子为什么有质量、宇宙为什么存在、如何用心电感应点菜外带之前，还有好多需要了解的地方。说不定，当我们试图找出四种作用力的彼此关系时，还可以顺便发现有什么办法能完成特斯拉当年设想的无线传送电力计划。

就像弗罗斯特笔下的那位旅者，雪林并非终点。在可以休息之前，我们还有好长的路要走呢。

和宇宙定律一起跳舞吧

我高中毕业那天，查克为了拍照，整个人都站在椅子上，妈妈只是笑着对我耸耸肩，意思是"我也没办法啊"。我的计划是先念一个工程学位，再找份工作负担家计，让查克可以去拿他的工程学位。

我想象自己和查克通电话，讨论兴建电厂的事情，还在享用感恩节大餐的时候，热烈争辩抑制振动的方法。

计划的第一部分进行得相当顺利。我上大学，认真读机械工程学课程，还把成绩单寄给妈妈和查克看，让他们知道我的学业进展。

查克会打电话来，问问我上课的事情，当我读不通燃烧循环或电路的时候，他还可以帮上忙。我毕业时，他对我说："孩子，这世界都在你的掌握之下呢。"十天后的清晨五点，妈妈打电话来，说查克过世了。他是负责维修船舶的工程师，船靠岸的时候，查克会带着手下把它整理整理，准备就绪后再开回阿拉斯加。结果发生了一场大火，除了查克和另一名工作人员，其他人都逃了出来，那年查克才四十岁。

我在床上辗转难眠，梦到他跟我说明时间如何弯折，而在我需要帮助时，他会来助我一臂之力，在黑板上画图跟我解释，就像爱因斯坦一样咧嘴而笑。在梦中，他已经找到方法运用物理定律陪伴在我身边——我唯一还能相信的，就只剩那些定律了。

多年后，我穿着灰色高跟鞋和 V 领裹胸装走在高中校园里，觉得自己老了好多。当毕业班身着白色毕业服，排成一列鱼贯前进时，我想起查克就是站在这里为我拍照的。我回母校是来参加就业博览会的，艾莲诺修女请我来跟学妹们谈谈工程学。

同学们穿着花格裙、蓝毛衣，聚集在我桌前，很有礼貌地问我问题，好完成她们的生涯探索作业。

"你喜欢自己的职业吗？"

"你对想进入那个领域的人有没有什么建议？"

"我现在应该修哪些课做准备？"

我谈到收入、工作稳定度、基础数学知识之类的，回答种种提问。我对她们说，自己的想法受人尊重、可以在世界各地工作、能够解决实际的问题那是多棒的事啊。

等学生们都回到班上，艾莲诺修女带着我们来了个校园巡礼。我听其他人说过，回到高中校园时，会觉得那地方好小好邋遢，但我的感觉却正好相反：砖造的内院稳重而可靠，阳光充足的草坪充满生机，白色柱子闪闪发亮，还隐约发出低吟。我在这里发现自己的信仰——倒不是什么芥菜籽、无花果树，或是《新约》里的这个马利亚和那个马利亚，而是美好又精确的运动定律、能量定律、重力定律。

走在校园里，女孩们抱着书从我们身旁走过，叽叽呱呱地讲个不停。我多想拦住她们，对她们说：

"听着，这真的很重要，我也知道现在要你们相信是很不容易的，可是总有一天，你会遇到伤心事。也许父母会在你还需要他们照顾的时候撒手人寰；也许你第一份工作就犯了个愚蠢到家的错误，还躲在厕所里偷哭。没有什么事能完全照着计划走，因为生命是测不准的，所以你需要有个能百分之百确定的东西。认真学习、了解世界的构造和作用力，因为当你必须勇敢、坚强、聪明的时候，需要有个坚实稳固的踏脚石。即使你不会成为工程师或科学家，还是要学着像那些人一样思考。

"坚守现实，不要依靠想象；接受交期与经费的限制，以及种种现状；拒绝别人的时候，你的头脑要跟接受重力、运动、能量等定律时一样清楚。

"如果你做得到，你的能力就会越来越强，你就有办法强而有力、问心无愧地在自己所选择的任何领域里出人头地。"

我想说的其实就是这些，但还是静静聆听艾莲诺修女的解说。她带大家去看新体育馆的预定场地。她张开双手，站在草坪上，高声宣布说希望能在退休前有新泳池可以用。"身、心、灵全方位！我们可不能忽略身体的锻炼！"我真的很幸运，高中时念的是世俗而踏实的圣约瑟修女会所办的学校，更幸运的是能在物理定律中找到归宿。现在，只要看到物理定律在日常生活中发挥作用，我就有种感觉，仿佛能看穿这世界的秘密。

自然并不会让人觉得受到威胁，它就如同我们的一分子——激烈、美丽、聪明。这世界是个庞然大物，拥有压倒一切的能力，但如果你能把它提炼成基本的定律，就有办法应付。

别想对抗物理学。你的确很独特，但仍无法置身于宇宙定律之外，它们比你大。你呱呱落地的瞬间，重力、运动和能量的设定钮全都固定在某个特定位置了，既然你不能乱动这些设定，那又为何要试？何不记下它们的位置，配合这些先决条件？何不将你对现实世界的认识，应用在个人生活里？也许你以为自己需要的是更多运气、更棒的外形，或是生在更有钱的人家，可是现在的你已经懂事，你所需要的每样东西都已存在于日常生活中。原子、重力、能量、动量，甚至是诡异的熵，都不会在一夜之间改变游戏规则，让你吓一大跳。它们时时刻刻都跳着相同的舞步。如今你已经学会那舞步，所以，一起来跳吧。